맛을 보면 정말 죽여주는 요리

크라운출판사
http://www.crownbook.com

내가 꿈꾸는 요리책은

알기 쉽고, 재미있고, 요리하기 쉬운 낯선 재료가 아닌 구하기 쉬운 재료로 쉽게 만들 수 있는 요리!

한 번 구입한 요리책은 책꽂이에 오랫동안 꽂아 두고 자주 보고 많이 만들어 보는 손 때 묻은 따뜻한 요리책!
할아버지, 할머니, 엄마, 아빠, 손자, 손녀 나란히 돌려 보는 가족 요리책!
저는 이런 요리책을 쓰고자 합니다.

사진이 크고 과정 설명이 자세하게, 요리하기 어렵지 않고 최대한 이해하기 쉽도록 집필했습니다. 보시는 분들이 딱딱한 책이 아닌 술술 읽히는 그림책의 느낌을 받으셨으면 좋겠습니다. 참고로, 제가 정말 싫어하는 것은 쉬운 것을 어렵게 포장해서 삥 돌려 말하는 것이거든요.

제가 기업체 관련 요리 강좌를 다니면서 또 칼럼, 레시피를 연재, 요리 블로그를 운영하면서 요리를 하고자 하는 분들, 진심으로 배우고자 하는 분들의 마음을 가까이서 보고 느끼게 되었습니다. 그 분들이 원하는 요리책 '요리하는거? 어렵지 않네. 나도 만들 수 있겠다!' 라는 자신감이 생기도록 힘을 실어주는 요리책. '그런 요리책을 만들어야겠다.' 라고 결심을 했지요. 많은 분들이 원하는 바람들을 하나 둘 씩 모아 정성스럽게 책 한권으로 묶어 보려합니다.

저 역시 처음 요리를 시작했을 때는 요리하는 것마다 모두 성공했던 것은 아니에요.
실패의 쓴 맛을 여러 번 맛보고 좌절하고 또 실패하고 '누가 이기나 해보자!' 라는 오기로 성공할 때까지 정말 질리도록 해본 적이 수두룩 했어요. 가족들이 맛이 별로라며 손사래 칠 때 속상하고 서운할 때도 한 두 번이 아니었어요.
지금 생각해 보면, 저는 요리를 잘했던 것이 아니고 단순히 요리하는 것을 열정적으로 즐겼던 것 같아요.

지금은, 제가 만든 요리라면 가족들이 끔뻑 죽습니다. 너무나들 좋아하지요.
손가락 치켜들며 맛있다고 칭찬해주는 모습을 보면 이 세상 다 얻은 것처럼 뿌듯하고 뭉클합니다. 제가 만든 음식을 맛있게 먹어주는 사람이 있다는 것만으로도 가슴이 뜨거워지는 일이죠.

여러 번 실패하며 차곡차곡 쌓인 경험, 노하우, 편법 등 그때 당시에는 몰랐었던, 쌓인 경험이 요리로 전업을 바꿀 수 있도록 이끄는 원동력이었습니다.

지금 책을 보시는 분들이 '일반 요리책과는 다른 뭔가 쉬운 다른 곳이 분명히 있는데?' 또는 '할 수 있 겠는데?' 라는 마음이 드셨다면 저는 원하는 목표의 반을 이룬 것이나 다름이 없어요.
이 책 한 권으로 찌개, 밥, 반찬, 간식, 베이킹 모두 해결하실 수 있으셨으면 합니 다.
요리책이 닳고 닳도록 곁에 두시고 요리할 때나, 밥 먹을 때나 꾸깃꾸깃 손때를 입 혀 보세요. 책이 너덜너덜 해질수록 요리에 대한 열정은 뜨거워졌으리라 믿습니 다.

마지막으로,
책을 집필하면서 물심양면으로 도와준 '선호 빌딩가족들' 에게 사랑한다는 말 전하고 싶습니다.

날카로운 매의 눈을 가진 아버지 김명수 사장님, 매일 헌신적으로 도와주신 천상여자 홍기화 여사님, 솔직 담백한 비판, 참신한 아이디어를 아낌없이 조언해주는 김정은 디자이너, 요리하고 남
은 음식들을 그 누구보다도 걸신스럽게 먹어주었던 막둥이 쌍둥이 동생들, 소중한
가족들, 항상 열렬히 응원해주는 친구들에게 '고맙습니다.' 라고 전하고 싶습니
다.

그리고,
책을 준비하면서 꼼꼼히 관리해주시고 앞, 뒤로 바짝 끌어주신 크
라운 출판사 강경은 담당자님. 재차 했던 말이지만 경은님을 만
난 건 제게 행운이에요. 또한, '쉬운 요리책은 이런 것이다.' 라
면서 조언을 아끼지 않으셨던 정춘교 부장님께도 따뜻한 감
사의 말씀 전하고 싶습니다.

Contents

PART 04 봉식이의 네 번째 컬러요리_간식

PART 05 봉식이의 다섯 번째 컬러요리_베이킹

봉식이처럼 계량해 보세요

계량 도구

주요 도구 밥숟가락, 차 티스푼, 저울, 종이컵, 손

01 계량스푼은 필요 없습니다. 집에 있는 밥숟가락, 차 티스푼으로 계량하세요.

02 계량컵 필요 없습니다. 집에 있는 종이컵으로 계량하세요.

03 베이킹 시 꼭 필요한 저울입니다. 한식과는 달리 베이킹은 정확한 계량이 필요하기 때문에 종이컵으로 계량하는 것은 한계가 있어요. 저울은 5천 원~3만 원 사이로 다양한 가격대가 있으니 마음에 드는 것으로 구입하세요(참고 : 말씀드렸다시피 베이킹은 정확한 계량이 필요하기에 액체류를 계량할 때는 계량컵을 이용했습니다. 예를 들어, 계량컵 기준 물 100ml → 저울로 물 100g 이니, 계량컵 없는 분들은 저울로 환산해서 사용하세요).

계량하는 방법

* 1 숟가락

액체류는 밥숟가락으로 가득 한 숟가락

설탕, 밀가루 등 가루류는 깎지 말고 조금 볼록하게 한 숟가락

고추장, 된장 장류는 숟가락 가득 볼록하게 한 숟가락

1/2 숟가락

액체류는 밥숟가락으로 1/2 숟가락

설탕, 밀가루 등 가루류는 깍지 말고 조금 볼록하게 1/2 숟가락

1컵 종이컵

액체류는 찰랑찰랑하게 가득 종이컵 한 컵

가루류는 눌러 담지 말고 가득 담은 후 가볍게 흔들어서 한 컵

1/2컵 종이컵

종이컵 높이의 반

한 줌

시금치 한 줌

콩나물 한 줌

봉식이랑 같이 시장가요

01 남대문시장

다양한 식재료, 주방소품, 악세사리 구매하려면 남대문 시
장으로 가요!

위치 4호선 회현역 5번 출구
영업시간 6 : 30 ~ 19 : 00
길잡이 tip 남대문시장은 복잡하기 때문에 길을 찾을 때는
위에 걸린 현수막을 주의 깊게 살핀다. 〈대도 종합상가〉
라는 현수막이 보이면 바로 오른쪽에 지하로 들어가는 통
로가 발견된다. 계단을 내려가면 양 갈래 길이 나오는데
왼쪽은 D동 지하, 오른쪽은 E동 지하로 나뉜다.
판매상품 1층 : 수입 식재료, 커피, 견과류, 건과일, 사탕,
　　　　　　　소스 등
　　　　　 2층 : 도구, 식기 등 다양한 수입 주방 소품 등
구매 tip 인터넷에서 판매되는 주방소품보다 10~30% 저
렴하게 구입할 수 있다.

02 고속버스터미널

주방 인테리어 소품, 꽃을 구매하려면 고속버스터미널로
가요!

위치 3, 7, 9호선 고속버스터미널 역 내 고속터미널 상가
영업시간 생화 24 : 00 ~13 : 00, 조화 24 :00~18 :00(일
요일은 휴무), 패브릭, 소품 샵 07:00~18:00

길잡이 tip 지하철 고속터미널 역에서 내려 경부선(고속버스터미널)출구 방향으로 걷다보면 터미널 상가로 연결되는 에스컬레이터를 볼 수 있다.

판매상품 2층 , 4층 : 커텐, 홈패션, 주방 패브릭 등
　　　　　 3층 : 꽃 도매 시장으로 생화, 조화 등

구매 tip 3층에는 꽃과 관련된 부자재뿐만 아니라 주방 수입 소품, 패브릭도 간간히 만나볼 수 있다. 터미널 지하상가보다 특별한 소품들을 3층에서 만나 볼 수 있다.

03 방산시장

제과제빵, 초콜릿, 포장 재료를 구매하려면 방산시장으로 가요!

위치 종로 5가역 7번 출구

영업시간 9 : 00 ~ 19 : 00

길잡이 tip 종로 5가역 7번 출구로 나와서 직진하다 보면 청계천길이 보이는 작은 횡단보도를 두 번 건너면 오른쪽에 〈방산 종합 시장〉이라는 큰 간판이 보인다.

판매상품 베이킹 재료, 도구 등(필자는 주로 d&b, 용천상회, 새로 포장에서 구입한다).

구매 tip 방산시장은 제과제빵 시 필요한 다양한 가루, 초콜릿, 시럽, 첨가제 등을 다양하게 판매하고, 대량으로 포장해 판매하는 경우가 많아 하나를 사면 오랫동안 두고 쓰기에 좋다. 많은 양이 필요하지 않다면 소량으로 포장된 것을 구매하거나 지인들과 나눠 써도 좋다. 베이킹 재료는 온라인에서도 쉽게 구입할 수 있으나 재료 구입을 원한다면 직접 만져보고 살 수 있는 방산시장이 실패율도 적고 구경하는 재미도 있어 추천한다.

꼭 갖고 있어야 할 재료_식사 편

01 식용유, 포도씨유, 올리브유, 카놀라유

요즘은 콩기름, 옥수수유 보다는 웰빙시대에 맞춰 식물성 포도
씨유, 올리브유, 카놀라유를 많이 사용해요. 포도씨유나 카놀
라유 하나쯤 갖고 있으면 볶음, 부침, 베이킹 할 때 두루 사용
하기 좋아요(올리브유는 올리브향이 남기에 일부 요리, 베이킹에
사용하기에는 조금 어려움이 있어요).

02 참기름, 들기름

참깨를 볶아 짜낸 기름이 참기름, 들깨는 들기름이에요. 볶
음, 무침요리를 한 후 마지막에 참기름을 넣어주면 고소함이
좋지요.
참기름은 공기, 햇빛에 노출되면 상하기 쉬우니 밀폐를 잘해
서 시원하고 어두운 곳에 보관하세요. 들기름은 나물 무침,
볶음 요리 등 다양한 요리에 활용되는데 이 들기름은 산소와
결합되면 굳어버리는 성질이 있어 산화되기 쉬우므로 마찬
가지로 시원하고 어두운 곳에 보관하는 것이 좋아요(산화되
기 쉬운 참기름이나 들기름은 냉장 보관하는 것 잊지마세요).

03 설탕, 소금

요리할 때는 백설탕을 주로 사용하고, 베이킹에는 백설탕 외
에 황설탕, 바닐라설탕, 슈가파우더 등을 사용해요. 베이킹
할 시 바닐라빈(천연 바닐라콩) 껍질을 설탕과 함께 갈아주거
나, 설탕통에 담궈 두기만 해도 바닐라향 나는 설탕이 되요
바닐라 설탕을 사용하면 결과물이 더욱 풍미로워요.

04 국간장, 진간장

간장은 보통 국간장, 진간장으로 나뉘는데, 국간장은 조선간 장이라고 부르기도 하죠.
국간장은 말 그대로 국 찌개 간할 때 쓰이고 볶음, 무침, 조 림 등 많은 요리에 쓰이는 간장은 진간장 입니다.

05 맛술, 청주, 후추

고기, 생선 요리에 많이 등장하는 재료 맛술(미림, 미정 등)은 잡내, 누린내를 제거하는 효과가 있고 단맛, 감칠맛을 내는 역할을 해요. 청주의 역할은 단맛은 없지만 누린내, 잡내를 제거하죠. 맛술이 없을 때는 청주로 대체하서도 큰 문제는 없어요. 청주마저 없을 경우, 집에 가지고 있는 소주를 활용 하세요. 후추 역시 잡내를 제거, 감칠맛을 더하게 하는 역할 을 합니다.

06 굴소스, 두반장

굴소스는 요리할 때 2% 부족한 맛을 채워주는 마술 소스지요. 요리에 자신 없는 분들은 필히 굴소스 구비해두세요. 굴소스가 들어가면 맛이 풍부해져 감칠맛을 더한답니다. 두반장이란 된장에 고추, 향신료를 넣고 만든 톡톡하 게 매운맛이 나는 장이에요. 보통 마파두부, 중화요리 등에 두루 쓰이지요. 두반장은 하나쯤 갖고 있으면 활용하기 참 좋아요. 제육볶음이나 볶음 요리 할 때 조금씩 넣어주면 감칠맛이 더합니다.

07 물엿, 올리고당

물엿, 올리고당 두 가지 모두 단맛을 내고 촉촉하고 윤기가 나 게 만들어요. 물엿보다는 올리고당이 칼로리가 낮고 식이섬유 가 높아 건강에 좋아요. 물엿이 없을 때는 올리고당으로 대체 하셔도 됩니다.

꼭 갖고 있어야 할 재료_베이킹 편

01 버터

버터는 무염버터와 가염버터가 있어요. 보통 베이킹에는 무
염버터를 쓰는 게 좋아요.
만약 소금이 들어 있는 가염버터를 사용할 때는 레시피에 적
힌 소금을 과감히 생략해 주세요.

02 밀가루

밀가루는 박력분, 중력분, 강력분으로 나뉘어요.
박력분은 바삭바삭하거나 부드러운 식감을 내는 쿠키, 케이
크 등 제과류를 구울 때 주로 사용하고 중력분은 수제비, 칼
국수 등 일반 요리 할 때 사용합니다.
강력분은 글루텐 함량이 높아 폭신하거나 질긴 빵을 만들 때
사용해요.

03 베이킹파우더, 베이킹소다

베이킹파우더, 베이킹소다는 부풀게 하는 팽창제 역할을 해
요. 베이킹파우더는 위로 부풀고 베이킹소다는 옆으로 퍼지
는 경향이 있어요.
제과에서는 팽창제로 베이킹파우더가 주로 많이 쓰이니 하
나쯤 구비해두세요.

04 생크림, 휘핑크림

크림은 동물성 생크림(생크림), 식물성 생크림(휘핑크림)으로 나뉘어요. 동물성 생크림은 유지방35% 이상의 맛과 풍미가 강한 편이고 식물성 생크림은 식물성 유지로 생크림 효과를 내기 위하여 첨가제를 넣어 만든 크림이에요.

휘핑, 아이싱하기 좋은 생크림이 바로 식물성 생크림이지요. 동물성에 비해 식물성 생크림이 휘핑하기 편하게 만들어졌어요.

케이크를 아이싱할 때는 취급하기 쉬운 휘핑크림을 쓰고(휘핑크림, 동물성 생크림 반반 섞어 사용가능), 크림이 들어가는 요리를 할 때에는 동물성 생크림을 쓰세요.

05 바닐라 에센스, 바닐라 오일, 바닐라 익스트랙트, 바닐라빈, 레몬즙

바닐라 에센스는 휘발성이 있어 굽는 동안 향이 날아갈 수 있어요. 굽지 않은 용도인 아이스크림, 생크림에 넣고 사용하시는 게 좋아요.

바닐라 오일은 에센스와 다르게 온도가 높아도 향이 쉽게 날아가지 않으니 파운드케이크, 머핀 등 굽는 용도에 쓰시면 됩니다.

바닐라 익스트랙트는 휘발성이 있긴 있지만 바닐라 에센스보다는 향이 남는 편이므로 굽거나 굽지 않은 용도로 사용할 수 있어요.

바닐라빈은 바닐라향의 천연 원료 바닐라 콩으로써 고급 바닐라 향 재료에요. 천연 재료다 보니 다른 재료에 비해 가격대가 있는 편이에요. 가격대가 나가는 만큼 넣은 것과 안 넣은 것의 차이가 큽니다.

바닐라에센스, 바닐라 오일은 바닐라향을 내기 위함도 있지만 잡내를 제거해주죠.

잡내 제거를 위해 에센스나 오일, 익스트랙스가 없다면 아쉬운 대로 레몬즙으로 대체하셔도 됩니다. 레몬즙을 넣으면 바닐라 향의 풍미는 없다는 것 감안하시구요.

꼭 갖고 있어야 할 도구_베이킹 편

오븐 집에서 홈메이드 쿠키, 케이크를 만들 수 있어요.

거품기 버터, 크림을 가볍게 풀 때 필요해요 핸드 믹서기 머랭, 생크림 등을 휘핑 할 때 거품기로 젓기 힘드니 핸드믹서가 있으면 편해요.

볼 반죽하기 위해선 큰 볼이 필요하지요. 볼은 여러개 갖고 있으면 좋아요(스테인레스나 튼튼한 유리볼도 가능).

실리콘 주걱 가루를 넣고 반죽을 저어줄 때, 반죽을 긁어줄 때 꼭 필요해요.

체 밀가루, 슈가파우더 등 가루류를 체 칠 때 필요한 도구에요.

종이호일 오븐 및 전자레인지 사용시 쓸모있는 종이호일, 오븐팬 위에 깔아 유산지로 활용할 수 있어요.

오븐은 왜 꼭 있어야 할까?

집에서 건강한 홈메이드 쿠키, 케이크를 맘껏 구울 수 있어요.
불안한 시판용 과자가 아닌 내가 직접 만든 세상에 단 하나뿐인 쿠키, 케이크는 안심하고 드세요.
가족, 친구, 주변인에게 정성 담은 홈베이킹을 예쁘게 포장해서 선물할 수 있어요.

감사, 사랑하는 마음을 따뜻한 홈베이킹을 통해 전달할 수 있어요.

거창한 오븐 요리, 번거로운 홈베이킹이 아니더라도 간단하고 짧은 시간 안에 끝나는 초간단 오븐요리를 할 수 있어요(군고구마, 군옥수수, 군밤, 삼겹살 구이, 치즈 그라탕 등 오븐에 넣기만 하면 금방 해결되는 요리).

기름기 있는 고기 요리도 튀기거나 볶지 않고 오븐에 구워 담백하고 깔끔하게 즐길 수 있어요.
다이어트 중이라면 튀김요리도 오븐에 넣고 건강하게 구워 드세요.

오븐 사용 시 주의점

새 오븐을 사용하는 거라면 사용 전 반드시 '공회전'을 합니다(사용 설명서 참고).
음식물을 넣기 전에는 반드시 오븐 '예열'이 필요해요. 레시피에서 '170℃로 구워주세요.' 라고 한다면 요리 전 170℃로 미리 예열해 두는 것이 좋겠죠.

레시피에 기재된 '굽는 시간'은 정확한 시간이 아니에요.
각 오븐마다 굽는 방식, 열 순환 정도가 다르기 때문에 온도의 차이는 있게 마련인데요.
눈으로 확인하고 제때 꺼내주는 것이 가장 바람직한 방법입니다.
본인의 육감(?)을 믿어보세요.
오븐은 쓰면 쓸수록 친해지는 법이니 자주 사용하다보면 언제 꺼내야 할지 감이 딱! 오실 겁니다.

오븐 안에 음식물을 많이 넣고 굽게 되면 고르게 균일하게 구워지긴 힘들어요.
들어가는 내용물의 크기가 균일하게 비슷한 크기라면 고르게 잘 구워지는 편이에요.
구울 때는 상단 하단 모두 끼워서 굽는 것보다 한 층만 사용해서 굽는 것이 더 예쁘게 잘 구워지죠.
그렇지 않고 오븐 상, 하단 모두 구워야 할 시에는 굽는 상단, 하단 위치를 바꿔서 구워주는 것도 좋은 방법이에요.

오븐을 다 사용했으면 젖은 행주로 내부를 닦아주고, 마른 행주로 다시 한 번 닦아주세요.
요즘 나오는 오븐들은 기능이 다양해서 '세척기능'이 따로 있어 청소까지 간편하게 해줘요.
오븐을 쓰고 바로 닦아주는 것이 오븐을 깨끗하고 오래 사용할 수 있는 방법 중의 하나랍니다.

Part 01

봉식이의 첫 번째 컬러요리
반찬

너무 쉬워도 비웃지 마세요.

냉장고 칸칸마다 들어있는 반찬을 보면 얼마나 흐뭇한지 아시죠?

국물이 없어도 맛있는 반찬 한 가지만 있으면 밥 한 공기는 쉽게 비울 수 있으니까요.

세상에서 제일 쉬운 반찬 만들기 같이 해보세요.

건강식 가지볶음

가지는 건강 식재료지요. 비타민, 칼슘, 단백질, 탄수화물이 들어있는
건강한 가지는 쪄먹거나 부쳐먹고, 튀겨먹어도 좋아요.
보라색 가지를 청양고추 넣고 고소한 들기름을 넣어
살짝 볶음을 만들어 드세요.

재료 준비하기(2인분)

가지(1개), 양파(1/2개), 청양고추(2개), 오일(또는 식용유), 간장(2숟가락), 맛술(1숟가락), 소금(조금), 후추(조금), 들기름(1숟가락), 깨소금(1숟가락)

01 가지는 두툼하게 썬다. 청양고추는 어슷하게 썰고, 양파는 먹기 좋게 썬다.

02 기름 두른 팬에 양파넣고 조금 볶아준다.

가지는 숨이많이 죽으면 맛이 없으므로 강한 불에서 짧고 굵게 볶자

03 가지 넣고 함께 볶는다. 간장, 맛술, 소금, 후추 넣고 강한 불에서 볶는다.

04 청양고추, 들기름을 넣고 볶다가 깨소금 넣고 마무리한다.

알고갑시다!

가지와 궁합이 좋은 음식은?
부부의 궁합이 중요하듯 음식도 궁합이 중요해요. 어떤 음식과 함께 먹어야 영양가가 더 있다든지, 알고 먹으면 더욱 건강한 식생활을 할 수 있어요.
예를 들어 기름진 돼지고기는 새우젓과 함께 먹어야 소화가 잘 돼요.
고혈압, 성인병에 좋은 가지는 기름을 잘 흡수해서 가지볶음이나 가지튀김 등으로 만들어 먹으면 좋아요.

간단하게 감자요리! 야채감자채볶음

감자채볶음은 한 번 만들때 넉넉히 만들어 두세요.
냉장고에 콕 보관해두고 밥먹을 때, 도시락 반찬쌀 때 조금씩 꺼내서 애용해 보세요.
만들기도 너무 간단한 감자채볶음입니다.

감자는 굵게 썰면
익기 어려우니 적당한
두께로 썬다. 너무 얇으면
볶는 도중 부러질 수 있다.

01 감자, 양파는 껍질을 제거한 후
가늘게 채를 썬다.

02 피망, 당근은 감자채와 비슷한
크기로 채를 썰어준다.

달라 붙지 않고
깔끔하게 볶으려면
찬물에 담궈
전분 제거를 한다.

오래볶는 중
바닥에 붙을 수 있으
니 뒤척여주면서
볶아주자.

03 채를 썬 감자는 찬물에 잠시 담
궈 두었다가 기름을 넉넉히 두른 프
라이팬에 감자를 넣고 볶아준다. 이
어 당근도 넣어준다.

04 감자가 반쯤 익었을 때 피망, 양
파를 넣고 함께 볶는다. 간장, 후추도
넣어준다.

감자의 씹는맛이
조금 남아있을 때까지
볶아주자.

05 감자와 채소가 어느정도 익었을
때쯤 맛을 보며 소금으로 최종 간을
한 후 불에서 내린다.

부드러운 된장소스 양파계란말이

고소하고 달콤한 양파계란말이 강력 추천해요.
볶은 양파의 달콤함이 계란과 너무 잘 어울립니다.
여기에 부드러운 된장 소스와 함께 곁들여 먹으니 더욱 맛있어요.

재료 준비하기(2인분)

계란(4개), 양파(1/2개), 오일(또는 식용유), 소금(조금), 후추(조금)

소스만들기 마요네즈(2숟가락), 된장(1/2 티스푼)

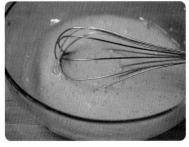

01 볼 안에 계란을 넣고 풀다가 소금, 후추로 간을 한다. 양파는 얇게 채를 썬다.

02 기름 조금 두른 팬에 양파를 넣고 투명해질 때까지 볶는다. 볶아둔 양파는 한쪽에 두고,

불은 약불로, 계란이 마르기 전에 말아야 잘 말린다.

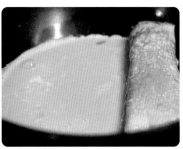

03 기름 두른 팬에 계란을 반만 부어 익힌다. 반쯤 익었을 때 양파를 조금 올리고 뒤집개를 이용해 한쪽에서부터 돌돌 말기 시작한다.

04 양파를 올리고 다시 돌돌 말아준다. 계란말이는 한쪽으로 몰고 남은 계란물을 붓는다. 반쯤 익었을 때 남은 양파를 모두 올리고 다시 돌돌 말아준다.

된장이 들어가면 느끼하지 않을 뿐 아니라 적당히 간이 돼서 좋다.

05 계란말이는 팬 위에 올린채로 한 김 식힌 후 도마에 옮겨 일정하게 썰어보자. 이제 마요네즈, 된장을 넣고 잘 개어 된장소스를 만든다.

06 접시 위에 계란말이를 올리고 그 위에 부드러운 된장 소스를 올려 함께 곁들여 먹는다.

푸딩같은 일식집 계란찜

푸딩같은 부드러운 일식집 계란찜. 이제 집에서 즐겨 보세요.
사랑하는 사람을 위해 차리는 아침 밥상
따뜻한 계란찜을 올려 부담없이 부드럽게 즐기세요.

재료 준비하기(2인분)

계란(3개), 다시마(3장, 사방 4×5cm), 물(2컵, 종이컵기준), 소금(1티스푼), 청주(1숟가락), 새우젓(1/2티스푼, 국물만)

01 물(2컵)안에 다시마를 넣어 30분 간 미리 불려둔다.

02 계란은 거품기를 이용해 잘 풀고 다시마 불린 물을 체에 걸러 같이 섞는다. 소금, 청주, 새우젓(국물만)을 넣고 고루 섞는다.

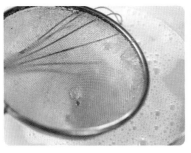

03 섞은 계란물은 다시 체에 걸러 거품을 걷어준다.

04 이렇게 만든 계란물은 내열 용기 안에 담고 랩으로 잘 씌어 물이 끓고 있는 찜기 안에 조심스럽게 넣어준다.

찜기 뚜껑에 구멍이 있으면 젖은 행주를 올려 구멍을 막는다.

05 뚜껑을 닫고, 약 10분간 찐 후 불을 끈 채 10분간 더 뜸 들인다.

국 물까지 싹싹 고등어무조림

따뜻한 밥 한 공기에 얼큰하게 졸인 '고등어무조림'
무도 많고, 국물도 많은 편이라 고등어를 다 건져 먹은 후에도 부족함 없이 푸짐해요.

재료 준비하기(2인분)

고등어(2마리, 조림용 작은 것), 무(약
1/3개, 250g), 물(1컵 반, 종이컵기준),
대파(1/2뿌리), 고추(1개), 쌀뜨물(고등어
가 잠길 만큼)

양념 만들기 고추장(2숟가락), 고춧가루
(2숟가락), 간장(2숟가락), 올리고당(3숟
가락), 생강(1쪽), 다진 마늘(1숟가락), 맛
술(2숟가락)

쌀뜨물에 담구면
비린내가
제거된다.

01 생강은 편을 썰고 대파, 고추는
어슷썬다. 무도 적당하게 썰어둔다
(두께 약 0.7cm).

02 조림용(토막난)고등어는 깨끗이
씻어 정리하고 쌀뜨물에 잠시 담궈
둔다.

양념을
고등어 위에
끼얹어주며
윤기나게 졸인다.

03 작은 볼에 양념 재료(고추장, 고
춧가루, 간장, 올리고당, 생강, 다진
마늘, 맛술)를 모두 넣고 잘 섞어둔다.

04 냄비 바닥에 무를 깔고 그 위에
고등어, 물, 양념장을 넣고 끓이기 시
작한다. 중간 중간 양념이 고루 배도
록 타지 않게 뒤척여준다.

국물은
밥에 비벼먹기
좋게 좀많은
편이다.

05 대파, 고추를 넣고 한소끔 끓인
후 마무리한다.

감자조림에만 얽매였다면
고추장단호박조림

매콤하고 새빨간 양념에 부드럽고 달콤한 단호박
어쩜 감자조림보다도 더 감칠맛 나고 맛있는 것 같아요.

재료 준비하기(2인분)

단호박(1/2통), 고추장(2숟가락), 올리고
당(2숟가락), 다진 마늘(1숟가락), 간장(1
숟가락), 고춧가루(조금), 물(1컵 조금 넘
게, 종이컵기준)

01 단호박은 껍질째 먹기위해 깨끗이 씻어둔다. 단호박은 반으로 가른 후 속에 보이는 씨는 제거하고 너덜거리는 부분은 정리한다.

02 감자조림할 때처럼 적당한 크기로 단호박을 썰어준다.

물은 조금많은 편 단호박이 속까지 푹 익고 양념과 충분히 졸여지도록!

끓이는 중간부쯤 뚜껑 닫고 단호박을 푹 익혀준다.

03 냄비 안에 단호박, 물을 넣고 고추장과 올리고당, 다진 마늘, 간장을 모두 넣고 졸여주기 시작한다. 고춧가루는 기호대로 넣어준다.

04 처음에 불을 강하게 두고 끓이다가, 점점 불을 줄이면서 은은하게 졸여준다. 국물이 자작하게 남고 단호박을 찔러봤을 때 속까지 익었으면 불에서 내린다.

알고갑시다!

단호박의 효능
단호박은 섬유질과 각종 비타민, 몸에 좋은 미네랄이 함유되어 있어서 건강, 미용에 좋아요.
붓기를 제거하는 효과가 있고 포만감도 높기 때문에 다이어트 식품으로 각광 받고 있죠. 특히 단호박은 산모, 성장하는 어린 아이들에게 좋습니다.
죽, 수프, 튀김, 조림 등 다양하게 만들어 드세요.

착한재료 양파로 만드는 양파볶음

양파는 자주 쓰이는 식재료예요. 그래서 떨어지지 않게 많이 사다 놓고 비축해두는 식재료지요.
양파는 生으로 먹으면 알싸하고 매운맛이 코끝을 찌르잖아요.
매운 양파가 한 번 볶아지면 매운맛은 사라지고 달짝 지근한 맛이 나는 게 정말 매력적이에요.
기본 양념 재료와 양파 하나만 있으면 별미 반찬 '양파볶음'이 만들어집니다.

01 양파는 껍질을 벗기고 얇게 채를 썬다.

02 기름 두른 후라이팬에 채를 썬 양파를 올리고 강한 불에서 볶기 시작한다.

03 저어주면서 달달 볶다가 양파가 반쯤 투명해질 때 굴소스, 간장을 넣고 볶기 시작한다.

양파의 아삭한 식감이 남아있는걸 원하면 너무 오랫동안 푹 볶지않는다.

04 기호에 맞춰 고춧가루도 적당히 넣는다. 양념이 고루 배고, 양파가 어느 정도 숨이 죽었다 싶을 때 불에서 내린다.

05 굴소스 양파볶음은 그냥 반찬으로 먹어도 좋고 밥 위에 올려 덮밥 처럼 비벼 먹어도 맛있다.

우리가족이 좋아하는 김치두부조림

볶음김치 참 맛있지요? 두부조림 역시 밥도둑이에요.

김치볶음과 두부조림을 동시에 먹을 수 있는 반찬 '김치두부조림'

두부는 콩으로 만든 단백질이 풍부한 건강식품이에요.

다이어트에도 좋은 음식 '두부' 그리고 '김치'로 건강한 반찬 만들어 보세요.

01 작은 볼에 양념 재료를 모두 넣고 잘 섞어둔다. 김치는 썰어 두고 대파, 고추는 어슷썰기 한다.

02 두부는 두께감 있게 직사각형 모양으로 썬 후, 물기를 제거해 키친타올 위에 올려 소금, 후추로 간한다.

두부 부치던 팬을 계속 활용하기

03 간한 두부는 기름 두른 팬에 올려 앞뒤로 노릇하게 부친다. 노릇하게 부친 두부는 그릇에 담아 한 쪽에 둔다.

04 팬에 다시 기름을 두른 후 김치를 넣고 볶아준다.

05 김치의 숨이 죽었을 때 부친 두부를 함께 넣고 개어둔 양념장(물, 간장, 고춧가루, 다진 마늘, 참기름, 물엿, 깨소금, 후추)을 넣고 뒤척이며 잘 볶는다.

06 대파, 고추를 넣고 국물이 자작하게 남았을 때 불에서 내린다.

도시락 반찬도 센스있게! 소시지김치볶음

도시락 반찬으로 좋은 소시지김치볶음.
소시지와 볶음김치를 동시에 먹을 수 있는 반찬이에요.
아이, 어른 모두 좋아 할 만한 반찬이지요.

재료 준비하기(2인분)

소시지(옛날소시지 1/3개, 180g), 계란(1
개), 김치(한 줌), 대파(1/2뿌리), 오일(또
는 식용유), 고춧가루(1숟가락), 올리고
당(1숟가락), 참기름(1/2숟가락), 후추(조
금), 소금(조금)

소시지는 한쪽에 잠시 두고,

01 소시지, 김치는 먹기 좋게 썰어 둔다. 대파는 어슷썰기 한다.

02 작은 볼 안에 계란을 풀어 넣고 소금, 후추로 간한다. 계란물에 소시 지를 담궈 앞뒤로 충분히 묻힌 후 기 름 두른 팬에 노릇하게 부친다.

으깨지지 않도록 짧게 볶는다.

03 기름 두른 팬에 김치, 고춧가루, 올리고당, 참기름을 넣고 김치 숨이 죽을 때까지 볶다가 대파를 넣는다.

04 미리 부쳐둔 소시지를 넣고 함께 볶은 후 불에서 내린다.

알고갑시다!

소시지와 햄?
둘의 차이가 헷갈리시죠?
햄은 돼지의 넓적 다리살을 일컫는 말로 이것의 가공품을 햄이라고 칭해요.
소시지는 돼지고기, 쇠고기를 곱게 갈아 동물의 창자 등에 채운 가공품이에요.
단백질 함량은 소시지에 비해 햄이 높은 편이에요.

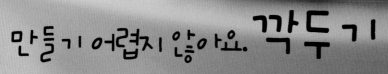

만들기 어렵지 않아요. 깍두기

김치가 뚝 떨어졌을 때 무 하나 데려와서 매콤하고 아삭한 '깍두기'를 간단하게 만들어 보세요.
설렁탕뿐만 아니라 라면, 칼국수와 함께 먹어도 맛있는 깍두기지요.
혹, 집에 과일이 많다면 사과, 배 등 시원한 과일을 갈아 넣고 깍두기를 만들어 보세요.
맵고 달콤한 '과일 깍두기' 정말 맛있습니다.

재료 준비하기(2인분)

무(1개, 큰 것), 쪽파(반 줌), 굵은 소금(3
숟가락)

양념 만들기 고춧가루(4.5숟가락), 까나
리 액젓(1숟가락), 새우젓(1.5숟가락), 다
진 마늘(2숟가락), 다진 생강(1/2숟가락),
매실즙(1숟가락), 물엿(3숟가락, 또는 올
리고당), 소금(조금)

01 무는 껍질을 제거한 후 사방 2~3cm 크기로 네모지게 썰어준다. 쪽파는 2~3cm 길이로 적당하게 썬다.

02 무는 큰 볼안에 담고 굵은 소금을 뿌려 뒤척여 준 후 약 1시간 동안 절여둔다.

03 고인 소금물은 버리고, 고춧가루를 넣어 버무린 후 쪽파, 양념 재료(까나리 액젓, 새우젓, 다진 마늘, 다진생강, 매실즙, 물엿, 소금)도 모두 올려 버무린다.

04 맛을 본 후 심심하면 소금이나 까나리 액젓으로 간을 맞춘다. 달콤함을 원한다면 물엿을 조금 더 추가해도 좋다.

입맛 돋구는 꼬막무침

단백질과 필수 아미노산이 골고루 함유되어 있는 꼬막

허약한 체질개선, 빈혈 예방에도 좋고, 음주 해독 효과도 있는 대단한 꼬막이에요.

비타민, 칼슘이 풍부한 꼬막으로 입맛 돋구는 '꼬막무침' 한 번 만들어 보세요.

재료 준비하기(2인분)

꼬막(700g), 소금(조금)

양념 만들기 다진 파(1/2숟가락), 다진 마늘(1/2숟가락), 간장(4숟가락), 고춧가루(1숟가락), 올리고당(1/2숟가락), 맛술(1숟가락), 참기름(1/2티스푼)

해감할 시간이 없으면 깨끗한 물이 나올 때까지 흐르는 물에 여러번 씻어 바로 조리한다.

너무 오래데치면 꼬막이 질겨져 맛이 떨어진다.

01 준비한 꼬막은 흐르는 물에 깨끗이 바락바락 씻는다. 여러번 씻은 후 옅은 소금물에 담궈 반나절 정도 해감을 한다.

02 해감한 바지락은 끓는 물에 담궈 데친다. 꼬막이 하나 둘씩 입 벌리기 시작할 때 물에서 건진다.

찬물에 담궈 씻게되면 꼬막의 즙이 빠져 맛이 떨어진다.

03 물에서 건진 꼬막은 찬물에 씻을 필요없이 바로 체에 올려 물기를 제거한다. 꼬막의 껍질 한쪽 부분은 뚝 떼어낸다.

04 볼 안에 양념 재료(다진 파, 다진 마늘, 간장, 고춧가루, 올리고당, 맛술, 참기름)를 모두 섞은 후 꼬막에 넣어 버무려 먹는다.

알고갑시다!

꼬막무침은 언제가 제철?
11월~4월 꼬막이 제철이에요.
음식은 뭐든 제철에 먹어야 더욱 신선하고 영양이 풍부해요.
꼬막은 고단백, 저지방으로 다이어트 식품으로 좋고 빈혈 예방, 숙취 해소에도 좋아요. 춘곤증에 나른한 봄철, 꼬막 먹고 기운 내세요.

매콤 짭쪼름~ 고추장꽈리고추멸치볶음

쉽고 간단한 밑반찬을 원한다면, 고추장꽈리고추멸치볶음 추천이요.
고추장이 들어가 칼칼하니 맛있어요.

재료 준비하기(2인분)

꽈리고추(한 줌), 멸치(한 줌 반)

양념 만들기 고추장(1/2숟가락), 고춧가루(1/2숟가락), 간장(4숟가락), 올리고당(3숟가락), 마늘(1/2숟가락), 깨소금(조금), 후추(조금)

포크로 찔러두면 양념이 잘 밴다

01 꽈리고추는 꼭지를 떼고 흐르는 물에 깨끗이 씻는다. 사이즈가 크고 매워 보이는 꽈리고추는 포크로 3~4번 찔러 구멍을 내준다.

02 작은 볼에 양념 재료(고추장, 고춧가루, 간장, 올리고당, 다진 마늘, 깨소금, 후추)를 모두 넣고 잘 섞어 둔다.

03 마른 팬에 멸치를 바싹 볶다가 꽈리고추와 미리 개어둔 양념장을 넣고 약한 불에서 볶는다. 꽈리고추 숨이 죽고 양념이 고루 밸 때까지 볶은 후 불에서 내린다.

알고 갑시다!

고추와 멸치의 영양 성분은?
꽈리고추는 제가 정말 좋아하는 식재료인데요.
여름이 제철인 꽈리고추는 '캡사이신'이라는 매운 성분 때문에 다이어트에 효과적이고 비타민C가 풍부해 부족한 비타민을 보충하는 역할을 해요.
꽈리고추를 멸치와 함께 볶으면 영양가 많은 반찬이 됩니다.

주말, 가족과 함께 된장삼겹살구이

삼겹살에 된장양념 넉넉히 발라 노릇하게 구워먹으면 돼지 누린내도 덜하고 훨씬 더 감칠 맛이 나요.
주말에 가족과 함께 '된장삼겹살 파티'를 열어보세요.

재료 준비하기(2인분)

삼겹살(반 근, 300g), 된장(1숟가락), 고
추장(1/2숟가락), 와인(2숟가락, 없으면
청주), 매실액(1숟가락), 후추(조금), 깨소
금(1/2숟가락), 다진 마늘(1숟가락)

01 삼겹살은 긴 구이용으로 구입한다.

된장이 들어가면 돼지 누린내가 덜 하고 느끼하지 않다.

02 볼에 된장, 고추장, 와인, 매실
액, 후추, 깨소금, 다진 마늘을 개어
양념장을 만든다.

03 삼겹살에 양념을 고루 묻혀준다.

하루정도 냉장고에 보관하면 양념이 고루 배어 더 맛있다.

04 양념을 묻힌 삼겹살은 밀폐용기
안에 담아 냉장고에 넣고 숙성시킨
다. 숙성시킨 삼겹살은 팬 위에 올려
앞뒤로 노릇하게 구워 먹는다.

알고갑시다!

삼겹살을 살찌는 음식으로만 보셨나요?
삼겹살은 다른 육류에 비해 비타민B, 단백질, 각종 미네랄이 풍부해 젊고 탄력있는
피부를 유지시켜 줘요. 특히 황사철에 먹는 삼겹살은 기관지의 오염을 막는 것처럼
공해 물질을 체외로 배출시켜 해독작용을 합니다.

간단하게 꽂아먹는 떡꼬치

떡야채 꼬치는 명절때나 특별한 날만이 아닌 평상시에도 부담없이 만들어 먹기 좋아요.
냉장고 안에 쓸만한 재료가 있으면 꺼내 꼬치에 하나 꽂아 노릇하게 부쳐 드세요.
재료 본연의 맛을 느낄수 있는 간단한 꼬치 요리에요.

01 표고버섯, 맛살, 햄, 파는 떡과
같은 길이로 썰어준다(약 4~5cm).

02 표고버섯은 뜨거운 물에 살짝 데
친다. 준비한 떡도 뜨거운 물에 말랑
하게 데쳐둔다. 데친 표고버섯과 떡
은 참기름(1), 설탕(1), 간장(2)에 담궈
양념 해둔다.

한쪽 넓은 접시에는
밀가루를 담아 두고,
다른 그릇안에는
계란을 넣고 풀어
소금으로 간한다.

03 꼬치에 떡, 표고버섯, 파, 맛살,
햄을 예쁘게 꽂는다.

04 꼬치에 다 꽂았으면, 뒷면에만
밀가루를 묻힌 후 살살 털어내고, 역
시 뒷면에만 계란물을 묻혀준다.

05 기름 두른 팬에 올려 앞뒤로 노
릇하게 부친다. 계란물 묻힌 부분이
아래로 가도록 접시 위에 세팅한다.

톡톡 터지는 고소함
옥수수를 넣은 두부참치전

입에서 터지는 옥수수의 식감이 좋아요.
담백한 두부와 고소한 참치가 만난 한 입 크기의 두부참치전, 오늘 저녁 반찬으로 준비해 보세요.

재료 준비하기(2인분)

두부(340g), 참치(5숟가락, 통조림용),
옥수수(5숟가락, 통조림용), 양파(1/4개),
전분 가루(8숟가락), 소금(조금), 후추(조
금), 오일(또는 식용유)

01 두부는 거즈에 넣고 꼭 짜서 물 기를 제거한다. 참치도 꼭 짜서 기름 을 제거하고 양파는 다진다.

02 볼에 다진 두부와 참치, 옥수수, 양파를 담는다.

03 전분가루를 넣고 소금, 후추로 간을 한다.

04 기름 두른 팬에 반죽을 한 숟가 락씩 떠서 올린 후 부친다.

익기 전에 뒤집으면
찢어지기 쉬우니
주의한다.

05 노릇해지면 뒤집어서 마저 부친다.

중국에서 맛볼 맛할 마파두부

영양가 있는 한 끼 식사로 특별한 날 화려한 요리로 중화요리 '마파 두부'가 최고에요.

고기는 다진돼지고기를 구입한다.

01 고추기름 준비. 고추기름을 따로 만들 시간조차 없다면, 냄비에 고춧가루(1숟가락), 식용유(1숟가락)를 넣고 타지 않게 볶은 후 바로 요리하자.

02 준비한 고기는 칼로 다시 한번 더 곱게 다진다. 간장, 청주, 소금, 후추를 넣어 고기를 밑간하고, 쪽파는 송송썰고, 양파와 고추는 다진다.

끓는 물에 데친 두부는 조금 단단해진다.

03 두부는 사방 1~1.5cm 크기로 주사위 모양으로 썬다. 끓는 물에 소금 조금 넣고 두부를 넣어 데친다. 데친 두부는 체에 올려 물기를 제거한다.

04 프라이팬에 고추기름 두르고 다진 양파, 다진 마늘을 넣고 볶는다. 양파가 투명해지면 밑간해둔 돼지고기를 넣고 볶다가 다진 고추를 넣어 함께 볶는다.

어느정도 걸쭉해지면 불에서 내린다.

05 고기가 익으면 양념 재료(물, 간장, 두반장, 고추장, 올리고당, 고춧가루, 참기름)를 모두 넣는다. 두부, 쪽파를 넣고 한소끔 끓인다.

06 국물이 어느정도 끓을 때 전분가루(1)와 물(2)을 섞은 전분물을 조심스럽게 흘려 넣으며 덩어리지지 않게 젓는다.

사과가 통째로~매콤달콤 갈비찜

커다란 찜솥냄비, 갈비 사이사이에 사과를 통째로 넣고 맵고 달콤하게 맛있는 갈비찜을 끓여보세요.
양념안에 사과까지 들어가 서서히 졸여지면서 사과즙이 자연스럽게 흘러나와요.
사과로 인해 고기는 더 부드러워지고 매운 양념은 새콤달콤하게 맛있어집니다.

재료 준비하기(3~4인분)

돼지갈비(800g), 감자(3개, 작은 것), 양파(1/2개), 대파(1/2뿌리), 고추(조금), 고기 데치고 남은 육수(반컵 조금 넘게, 종이컵기준)

데치기 대파(1뿌리), 양파(1/2개), 생강(조금), 소금(조금), 후추(조금)

양념 만들기 사과(1개), 고춧가루(4숟가락), 고추장(3숟가락), 맛술(2숟가락), 간장(3숟가락), 다진 마늘(2숟가락), 올리고당(1숟가락, 없으면 물엿), 참기름(1숟가락), 꿀(1숟가락), 물(5숟가락), 두반장(2숟가락, 없으면 고추장 1숟가락)

데치기용 준비물 대파, 양파, 생강은 썰지않고 통으로 준비한다.

01 감자, 양파, 대파, 고추는 잘 다 듬어 먹기 좋게 썰어둔다.

담백하고 깔끔함이 좋다면 기름 부위를 떼어낸다.

02 돼지갈비는 칼집을 내고 잠시 찬물에 담궈둔다. 중간 중간 핏물이 나오면 물을 갈아준다.

03 사과 양념장 만들기 사과(1)는 껍질을 벗겨 잘게 다져준다. 믹서기를 이용해 갈아줘도 좋다.

04 볼 안에 다진 사과를 넣고 필요한 양념 재료(고춧가루, 고추장, 맛술, 간장, 다진 마늘, 올리고당, 참기름, 꿀, 물, 두반장)를 모두 넣어 잘 섞어준다.

05 찬물에 데치기용으로 쓸 큼직한 대파, 양파, 생강, 소금, 후추를 조금 넣고 끓여준다. 끓기 시작하면, 핏물 제거한 돼지갈비를 넣고 약 5분간 데친 후 건져둔다(육수는 버리지 말자).

06 깊은 냄비 안에 감자, 양파, 데친 고기를 담고 미리 만들어둔 양념장(4번)을 모두 넣고 조물조물 버무려준다.

고기 위에 양념을 끼얹어 주며 졸인다.

07 가스불을 켜 데치고 남은 고기육수를 부어준다. 바글바글 끓기 시작하면 대파, 고추를 넣고 불을 조금 줄여 걸죽하게 졸이듯 끓여준다.

김치 떨어졌을 때 얼른 만들자! 배추겉절이

김장김치 떨어져서 아쉬웠던 분들 '배추겉절이' 얼른 만들어서 반찬통에 담아 두세요.

특히 혼자 사는 분들 김치 만들기 엄두가 안나신다구요?

레시피에 맞춰 쉽고 간단하게 '김치겉절이'를 만들어 보세요.

재료 준비하기(2인분)

배추 절이기 물〈1ℓ＋굵은소금(1/4컵, 종이컵기준)〉, 알배기 배추(500g, 한 통), 쪽파(반 줌)

양념 만들기 새우젓(1.5숟가락), 멸치액젓(2숟가락), 고춧가루(5~7숟가락), 다진 마늘(2숟가락), 매실액(1숟가락, 없으면 설탕 조금), 참기름(1숟가락), 깨소금(2숟가락)

물(1ℓ)에 소금(1/4)을 넣어 녹이고 배추가 자박 자박 잠기도록 30~40 분 동안 담가 절여둔다.

01 알배추는 밑동을 자르고 적당한 크기로 쭉쭉 찢어 물에 한 번 씻은 후 소금물에 절인다.

02 쪽파는 약 3cm 간격으로 썬다.

싱거우면 멸치액젓이나 소금으로 간을 맞추고, 더 맵게먹고 싶으면 고춧가루를 추가한다.

03 버무릴 큰 볼을 준비해 배추와 쪽파를 담고 새우젓, 멸치액젓, 고춧가루, 다진 마늘, 매실액을 넣고 버무린다.

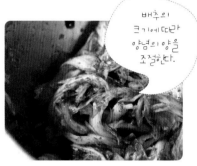

배추의 크기에따라 양념의 양을 조절한다.

04 어느정도 버무려졌을 때 참기름, 깨소금을 넣고 마무리한다.

정성가득, 사랑가득 버섯메추리알조림

메추리알은 한 입에 쏙 들어가는 먹기좋은 반찬이에요.
삶고 껍질을 까고 정성이 많이 들어가는 메추리알조림
톡 터지는 고소한 메추리알과, 물컹물컹하게 씹히는 버섯이 만난 별미 반찬이랍니다.

01 삶은 메추리알은 찬물에 담궈 깔
끔하게 껍질을 제거한다.

02 준비한 버섯(표고버섯, 느타리버
섯)은 먹기 좋게 썰어준다. 대파는 어
슷썰기 한다.

약불로
졸여주세요.

03 냄비 안에 양념 재료(물, 간장,
설탕, 물엿, 참기름, 다진 마늘, 깨소
금, 후추)를 넣고 섞어준다. 이어 메
추리알을 담고 끓이기 시작한다.

04 끓기 시작하면 버섯을 넣고 수저
를 이용해 양념을 끼얹어 주며 졸인다.

05 적당히 졸여졌을 때 대파를 넣고
마무리한다.

두 가지를 동시에! 시금치콩나물무침

몸에 좋은 콩나물과 시금치가 만난, 간단한 무침요리. 후다닥 무쳐서 밥상 위에 건강함을 올려보세요.

시금치무침이 먹고 싶고 콩나물무침도 먹고 싶을 때, 두 가지 동시에 모두 먹고 싶을 때!

두 가지를 동시에 충족할 수 있는 반찬이에요.

재료 준비하기(2인분)

시금치(한 줌), 콩나물(한 줌)

양념 만들기 간장(2숟가락), 다진 마늘
(1/2숟가락), 참기름(1숟가락), 고춧가루
(1.5숟가락), 깨소금(1숟가락), 설탕(아주
조금), 소금(조금)

데칠 때 소금을 넣으면 시금치색이 선명해진다.

01 손질한 시금치는 흐르는 물에 여러번 씻은 후 소금 넣은 끓는 물에 데친다.

02 데친 시금치는 찬물에 담궈 헹군 후 양 손으로 힘껏 짜준다.

콩나물 꼬리 부분에는 영양분이 많기 때문에 손질하지 않는다.

03 콩나물은 흐르는 물에 여러번 씻은 후 물이 조금 담긴 냄비 안에 넣고 (뚜껑 닫고)아삭함이 유지될 때까지 찌듯 데쳐준다. 데친 콩나물은 찬물에 헹군다.

04 볼 안에 시금치, 콩나물을 넣고 양념 재료(간장, 다진 마늘, 참기름, 고춧가루, 깨소금, 설탕)를 넣고 무친다. 맛을 본 후, 싱거우면 소금으로 최종 간을 한다.

알고갑시다!

시금치의 효능
녹황색 채소의 우두머리 '시금치' 는 카로틴과 비타민이 풍부하고 철분과 칼슘이 많이 들어 있어요. 비타민C 다량 함유로 피부에도 좋은 시금치랍니다.
단백질, 비타민, 무기질 등 영양분이 풍부한 '콩나물' 은 알코올 분해를 도와 숙취해소, 감기 초기증상 때 먹으면 더욱 좋아요.

술안주로 최고! 소시지볶음

도시락 반찬으로 좋은 '소시지볶음'
후다닥 만들수 있는 맥주안주로도 제격입니다.

01 소시지는 사선으로 칼집을 낸다.

02 양파, 당근, 피망 등 준비한 야채는 비슷한 크기로 먹기 좋게 썰어준다.

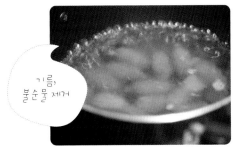

기름, 불순물 제거

03 소시지는 끓는 물에 한 번 데친 후 사용하면 좋다.

04 팬 안에 기름을 두른 후 양파, 당근을 넣고 볶아준다. 양파가 투명해졌을 때 피망을 넣은 후 소금, 후추를 조금 넣어 간을 한다.

05 물에 데쳐둔 소시지를 넣고 뒤적여주면서 볶다가 양념 재료(케첩, 고추장, 올리고당)를 넣고 윤기나게 볶는다.

쉽고 간단한 반찬 찾아? 양배추어묵 볶음

착한 재료로 간단하게 뚝딱! 만들어 낼 수 있는 찬이에요.
냉장고에 넣어두고 야금야금 꺼내 먹기 좋지요.
아삭한 양배추와 말랑한 어묵의 궁합. 10점 만점에 10점!

01 양배추와 어묵은 먹기 좋게 썰어 준비한다. 양파는 채를 썰어둔다.

02 기름 두른 팬에 양파를 먼저 넣고 볶는다.

03 양파가 투명해지면 양배추, 어묵을 넣고 간장, 다진 마늘을 넣어 볶는다. 소금, 후추로 최종 간을 한 후 어묵이 충분히 익었을 때 불에서 내리자.

알고갑시다!

양배추의 효능
수용성 비타민인 양배추는 물에 오래 담궈 두면 영양 성분이 물에 녹기 쉬우니 흐르는 물에 적당히 씻어주세요.
양배추는 저칼로리 식품이지만 식이섬유 함량이 많아 포만감을 주어 식이 조절하는 분들에게 참 좋은 식재료입니다.

초간단 오이김치

김치가 없을 때, 마땅한 반찬이 없을 때, 오이 3개로 오이김치를 만들어 보세요.
아삭아삭 씹히는 매콤한 오이김치는 냉장고에 넣어 둘 '비상 반찬'으로 안성맞춤이지요.

01 양파, 고추는 먹기 좋게 채를 썬다. 쪽파는 2cm길이로 썰어둔다. 오이는 소금으로 문질러 깨끗이 씻고 5cm길이로 일정하게 썬다. 다시 4등분으로 나눈다.

02 썬 오이에 굵은 소금을 넣고 약 2시간 동안 절인다.

오이양에 따라 양념을 조절한다.

03 큰 볼안에 절인 오이, 쪽파, 양파, 고추를 넣고 양념 재료(고춧가루, 멸치액젓, 다진 마늘, 물엿, 설탕)를 넣고 버무린다.

04 간을 보며 싱거우면 소금으로 간을 맞추고, 더 맵게 먹고 싶으면 고춧가루를 추가한다. 양념이 골고루 버무려졌으면 마무리한다.

알고갑시다!

세계인이 가장 주목하는 우리나라 음식은 '김치'가 아닐까 해요.
배추김치, 열무김치, 깍두기, 오이김치, 총각김치, 파김치 등 김치의 종류는 다양합니다. 오이김치는 다른 김치에 비해 쉽고 간편하게 만들 수 있어서 좋아요.

질기지 않고 말랑 말랑한 오징어채볶음

단골 밑반찬 오징어채볶음. 고추장 양념에 마요네즈가 들어가 매콤하면서 고소함이 좋아요.
치아가 약해 오징어채볶음을 평소에 즐길 수 없으셨던 분들, 촉촉한 '오징어채볶음' 한 번 만들어 보세요.

재료 준비하기(2인분)

오징어채(200g)

양념 만들기 고추장(2숟가락), 다진 마늘(1/2숟가락), 물엿(3숟가락), 간장(1숟가락), 마요네즈(1숟가락), 맛술(1숟가락), 설탕(1/2숟가락), 깨소금(1숟가락)

물에 한번 헹군 후 조리하면 더 말랑하고 촉촉하게 먹을 수 있다.

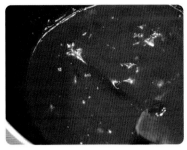

01 오징어채는 가위로 먹기 좋게 잘라 물에 담궈 헹군다. 물기는 대충 털어둔다.

02 팬 안에 **양념** 재료(고추장, 다진 마늘, 물엿, 간장, 마요네즈, 맛술, 설탕)를 모두 넣고 잘 갠 후 바글바글 끓여준다.

수분이 없어 많이 뻣뻣하면 물을 조금 보충한다.

03 끓기 시작하면 오징어채를 모두 넣고 양념이 고루 묻게 잘 묻혀준 후 은은한 불에서 부드럽게 졸여준다.

04 윤기나게 졸여졌으면 깨소금을 넣은 후 마무리한다.

밥맛 없을 때 매콤한 제육 볶음

제육볶음 만든 날은 다른 반찬 따로 필요 없어요.
제육볶음 한 접시면 맛있는 한 끼 식사를 할 수 있어요.

01 양파는 먹기 좋게 썰어 두고 대
파, 고추는 어슷썬다.

02 팬 안에 양념 재료(고추장, 간
장, 고춧가루, 올리고당, 다진 마늘,
맛술, 참기름, 후추)를 모두 넣고 잘
갠다.

양념이
고루 배게 힘있게
주물러 준다.

03 고기를 양념이 든 팬 안에 넣고
손끝으로 바락바락 힘있게 주물러
준다.

더 맵게
즐기고 싶다면
고춧가루를
추가하자.

04 양념이 밴 고기는 바로 불 위에
올려 볶는다. 고기가 익기 시작할 때
양파, 대파, 고추를 넣고 함께 볶는다.

05 골고루 볶아졌을 때 불에서 내
린다.

포장마차보다 ~~~~! 치즈계란말이

포장마차에서 먹던 두툼한 계란말이, 집~~~~ ~~~~ 만들어 보세요.
치즈가 들어가 더욱 고소한 계란말이, 사랑~~~~ 요리에요.

재료 준비하기(2인분)

계란(4개), 대파(1/2뿌리), 슬라이스 치즈
(1~2장), 피자 치즈(조금, 없으면 생략),
오일(또는 식용유), 맛술(1숟가락), 소금
(조금), 후추(조금)

01 대파는 다지고 계란은 깨서 볼 안
에 담아 멍울이 풀릴 때까지 저어주
고 다진 대파를 넣고 맛술, 소금, 후추
를 조금 넣는다.

02 기름 두른 팬에 풀어둔 계란(반
만)을 붓고 약불에서 익히기 시작한다.

03 겉 테두리가 익기 시작하면, 한
쪽에 슬라이스 치즈와 피자 치즈를
적당히 올린다.

04 계란이 반쯤 익었을 때 끝에서
부터 말기 시작해 돌돌 말아준다. 한
쪽 구석으로 몰아, 남은 계란 반죽을
붓고 치즈를 넣고 돌돌 말며 부친다.

계란말이는
부치자마자 썰면
부서지니 반드시
식힌 후 썬다.

05 다 만 계란말이는 한 김 식힌 후
예쁘게 썰어 접시 위에 올린다.

노란색이 매력 카레오징어채볶음

윤기 좔좔~ 노란색 카레 먹은 오징어채 볶음은 연겨자가 들어가 칼칼함과 살짝 매콤함도 있어요.
카레의 깊은 맛과 향이 풀풀 풍겨 정말 별미 반찬이랍니다.
평범한 밑반찬이 아닌 색다르고 특별한 반찬으로 만들어 보세요.

재료 준비하기(2인분)

오징어채(200g), 물(1/2컵, 종이컵기준 약 80㎖), 카레가루(4숟가락), 간장(2숟가락), 연겨자(1숟가락), 설탕(1숟가락), 다진 마늘(1숟가락), 맛술(2숟가락, 없으면 청주로 대체), 물엿(4숟가락), 깨소금(조금)

카레가루가 다 섞이지 않아도 됨 나중에 가물할때 확실하게 섞어주면 된다.

01 작은 볼안에 카레가루, 물(80)을 넣고 잘 개어준다.

02 여기에 간장, 연겨자, 설탕, 다진 마늘, 맛술, 물엿도 함께 넣고 섞어 카레양념을 만든다.

딱딱한게 좋은 분들은 그냥 물에 한번 씻고 꼭 짜서 조리하자.

03 준비한 오징어채는 찬물에 2~3번 씻고 물기를 털어준다. 물기를 완전히 제거할 필요는 없다.

04 팬 안에 '카레 양념'을 붓고 카레 덩어리들이 다 풀릴 수 있게 저어준다. 바글바글 끓기 시작하면 오징어채를 넣는다.

05 불은 중간불로 낮추고 은은하게 졸여주듯 볶아준다. 오징어채에 양념이 고루 묻고 윤기나게 볶아졌을 때 깨소금을 넣고 불에서 내린다.

영양가 있는 밑반찬 콩자반

홀로 사는 분들, 매번 반찬만들기 힘드신 분들 밑반찬으로 '콩자반' 넉넉히 만들어 두었다가
냉장고에 넣어두고 야금야금 꺼내 드세요.

검은 콩(3컵, 종이컵기준), 물(콩이 잠길 만큼의 양), 간장(7숟가락), 맛술(1숟가락), 올리고당(6숟가락), 깨소금(조금)

콩이 잠길만큼의 물의양, 물이 부족하면 보충한다.

01 깨끗이 씻은 검은 콩은 찬물에 약 4시간 동안 담궈둔다.

02 콩을 불린 물은 버리지말고, 그 대로 냄비에 콩과 함께 붓고 센불에 서 끓이기 시작한다.

마지막에 올리고당 또는 물엿을 조금 넣어 윤기나게한다.

03 끓기 시작하면 불을 줄이고, 물이 약 1/2정도 남게 졸이다가 간장, 맛술, 올리고당을 넣고 뚜껑 닫고 졸 인다. 윤기나게 졸여졌을 때 깨소금 넣고 마무리한다.

알고갑시다!

콩의 효능
검은 콩은 혈액 순환을 원활하게 도와주고 두피까지 도달되지 않는 영양성분을 잘 전 달하게 해 흰 머리, 탈모를 방지하는 효능이 있어요.
게다가 피부미용에 좋고 골다공증, 노화 예방에 효과적입니다.
밥할 때 몸에 좋은 콩 아낌없이 넣어 드세요.

중국에서 먹던 눈물의 토마토계란볶음

토마토와 계란을 넣고 짧고 굵게 볶아 담백하고 고소하게, 새콤하게 먹는 간편한 중국식 볶음요리!

재료 준비하기(2인분)

토마토(3개, 작은 것), 계란(4개), 맛술(1
숟가락), 오일(또는 식용유), 설탕(조금),
소금(조금)

토마토는 말랑한것 보다는 단단한것이 좋다.

01 준비한 **토마토**는 바닥에 열십자
로 홈을 낸다. 뜨거운 물에 데친 후
토마토 껍질을 자연스럽게 벗겨보자.

02 껍질 벗긴 토마토는 먹기 좋게
썰어 두고,

계란의 멍울이 풀릴 때까지 골고루 섞는다.

03 볼 안에 계란을 풀고 맛술, 소금
을 넣어 잘 섞는다.

04 기름 두른 팬에 계란물을 붓는
다. 계란이 반 정도 익었을 때, 젓가락
을 이용해 원을 그리며 섞어 반쯤 익
힌 후 그릇 위에 담아 놓는다.

계란과 토마토를 같이 넣고 한번에 볶게 되면 계란의 부드러움이 덜해진다.

05 팬에 **토마토**를 넣고 볶아준다.
토마토 즙이 나오기 시작하면, 미리
볶아둔 계란을 넣고 같이 볶아준다.
마지막에 설탕, 소금을 조금 넣고 불
에서 내린다.

봉식이의 첫 번째 컬러요리_반찬 ●●● 077

Part 02

봉식이의 두 번째 컬러요리
국 · 찌개

국 · 찌개 없이 밥 못 먹는 분들 많이 계시죠?

제가 소개하는 레시피는 이런 분들을 위해 만들었어요.

얼큰한 맛, 담백한 맛, 칼칼한 맛 등

다양한 국 · 찌개 만들기 같이 해보세요.

바쁜 아침에 국을 끓인다고? 정말 간단한
계란국

아침에 후다닥~ 끓이기 쉬운 국이에요.
바쁜 직장인 분들도 쉽고 간단하게 만들 수 있는 계란국.
간단하게 해장하기에도 좋으니 오늘, 아침 메뉴로 만들어 보세요.

재료 준비하기(2인분)

계란(4개), 양파(1/2개), 대파(1/2뿌리), 고추(1개), 다진 마늘(조금), 국간장(1숟가락), 참기름(1/2티스푼), 소금(조금), 후추(조금)

멸치다시마 육수 만들기 물(6컵, 종이컵 기준), 멸치(6개), 다시마(1장, 7x8cm)

01 육수 만들기 냄비 안에 물(6컵), 멸치(6개), 다시마(1장)를 넣고 끓인다. 끓기 시작하면 다시마는 건지고, 5분 더 끓인 후 체에 걸러둔다.

02 계란은 미리 풀어 놓는다.

03 양파, 대파, 고추는 어슷썰기 한다.

04 냄비에 육수(1번)를 담고 끓인다. 끓기 시작하면 양파를 넣는다. 양파가 투명해지기 시작하면,

계란을 넣은 후 너무 오래 끓이지 않는다. 적당히 끓여야 부드러운 계란국 완성

05 계란을 원을 그리며 넣어주고 참기름도 넣어준다. 계란이 익기 시작하면 대파와 고추, 다진 마늘을 넣는다. 국간장으로 간을 맞추고, 최종 간은 소금과 후추로 맞춘다.

감자대신 고구매 고구마닭볶음탕

고구마는 피부미용에도 좋고, 포만감 ... 든든한 건강 식재료에요.
매콤한 닭볶음탕에 고구마를 넣으면 얼 ...나 맛있는지 아시나요?
감자도 좋지만 달콤한 고구마 ... 술이에요.

재료 준비하기(3~4인분)

닭(1마리, 닭볶음탕용), 고구마(2개, 작은 것), 양파(1개), 당근(1/3개), 대파(1뿌리), 고추(1개), 물(3컵, 종이컵기준), 간장(3숟가락), 맛술(1숟가락), 고춧가루(4숟가락), 고추장(1/2숟가락), 다진 마늘(1숟가락), 다진 생강(1/2숟가락), 올리고당(1숟가락), 설탕(1/2숟가락), 참기름(1/2숟가락), 후추(조금)

01 고구마는 껍질을 제거하고 적당한 크기로 썬 후 찬물에 잠시 담궈 둔다. 양파, 당근도 적당하게 썰고 대파, 고추는 어슷썬다.

02 닭볶음탕용으로 구입한 닭고기는 칼집을 내고 끓는 물에 데친다(반만 익히기).

03 냄비 바닥에 고구마를 깔고 데친 닭고기, 물을 담는다.

04 양념 재료(간장, 맛술, 고춧가루, 고추장, 다진 마늘, 다진 생강, 올리고당, 설탕, 참기름, 후추)를 모두 넣고 끓이기 시작한다.

중간 중간 양념이 고루 배게 뒤적여 준다. 국물이 부족하면 물을 보충한다.

05 끓기 시작하면 양파, 당근을 넣은 후 뚜껑을 닫고 중간불에서 끓인다. 국물이 어느정도 걸죽해졌을 때 대파, 고추를 넣고 마무리한다.

달콤한 단호박과 함께 김치단호박찌개

평범치 않은, 개성 있는 김치찌개를 끓이고 싶은 분들에게 추천합니다.
단호박의 달콤함을 좋아하는 분이라면 더욱 더 좋아하실 거에요.

01 단호박은 잘 씻은 후 반달 모양으로 얄팍하게 썰어준다. 돼지고기, 김치는 적당하게 썰어두고 대파, 고추는 어슷썰기 한다.

02 기름 두른 냄비안에 돼지고기, 김치, 청주, 고춧가루를 넣고 함께 볶아준다.

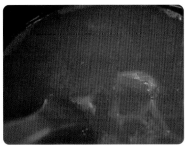

03 김치 숨이 죽었을 때쯤 물(5컵)을 부어준다.

04 단호박을 넣고 고추장, 김치국물, 다진 마늘을 넣고 끓여준다.

05 단호박이 푹 익을 때까지 충분히 끓인 후 대파, 고추를 넣고 마무리한다.

구수해서 국물째 떠먹고 싶은
된장닭볶음탕

닭볶음탕에 된장이 들어가면 끝 맛이 개운하고 고기 잡내가 나지 않아서 너무 좋아요.
얼큰하고 구수한 국물은 밥에 비벼드세요.

된장이 들어가면 고기 누린내가 덜하고 양념 맛이 개운하다.

01 볶음탕용으로 구입한 닭은 흐르는 물에 깨끗이 씻은 후 칼집을 내고, 끓는 물에 데친다. 데친 닭은 건져두고,

02 양념 만들기 볼에 된장, 고추장, 올리고당, 간장, 후추, 다진 마늘, 매실액, 고춧가루, 청주를 넣고 잘 섞는다.

맵게먹고 싶다면 고춧가루 더 추가

03 당근, 양파, 새송이 버섯, 감자(고구마도 가능)는 깍둑썰기 한다.

04 깊은 팬 안에 당근, 양파, 버섯, 감자를 깔고 데친 닭을 올린다. 양념, 물을 함께 넣고 끓이기 시작한다.

05 국물이 조금 걸죽해질 때까지 충분히 끓이고 마무리한다.

한국인의 힘! 된장찌개

엄마가 직접 끓여주던 구수한 '된장찌개' 가 그리운 날!

별다른 반찬 없이도, 밥 한공기 뚝딱하게 만드는 '된장찌개' 를 만들어 보세요.

한국인의 뜨거운 열정은 보글보글 끓는 얼큰한 된장찌개에서 나오죠. 불끈 불끈!

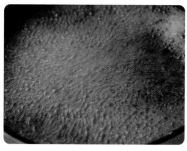 

01 육수 만들기 냄비 안에 물(6컵),
멸치(6개), 다시마(1장)를 넣고 끓인
다. 끓기 시작하면 다시마는 건지고,
5분 더 끓인 후 체에 걸러둔다.

02 애호박은 반달 모양으로 썰어주
고 청양고추는 어슷썰기한 후 양파,
두부는 먹기 좋게 썬다.

03 냄비에 육수(1번)를 담고 끓인
다. 끓기 시작하면 체에 된장을 넣어
잘 풀어서 끓여준다. 고추장도 함께
풀어 넣는다.

04 다시 끓기 시작하면 애호박, 양
파를 넣는다.

05 마지막에 두부, 청양고추를 넣고
한소끔 끓인 후 불에서 내린다.

그를 위한 나의 선물 미역국

그의 생일이라구요? 그럼 미역국 얼른 준비 하셔야죠.

미역에 들어있는 여러 성분들은 암세포를 억제하는 항암효과를 갖고 있어요.

장 운동에 좋고, 빈혈에도 좋은 미역국은 건강에 이로우니 자주 만들어 먹자구요.

미역은 약 10배로 불어난다는 사실 기억하자. 고기는 핏물을 제거해야 누린내가 덜하다.

01 미역은 찬물에 넣고 약 30분간 불린다. 불린 미역은 물기를 꼭 짜고 먹기 좋게 잘라둔다. 쇠고기는 핏물 제거를 위해 찬물에 잠시 담가둔다.

02 물(10컵)에 핏물 제거한 쇠고기를 넣고 약 30분 동안 푹 끓인다. 30분 후 육수는 그대로 두고 고기만 건져둔다. 고기는 한 김 식힌 후 결대로 찢어 놓는다.

물이 부족하면 물을 보충!

03 팬 안에 참기름을 두르고 쇠고기 넣고 볶다가 국간장, 다진 마늘, 후추를 넣는다. 불려둔 미역도 함께 넣고 볶아준다.

04 미리 만들어둔 고기 육수를 붓고 은은한 불에서 충분히 푹 끓여준다. 최종 간은 국간장, 소금으로 한다.

알고갑시다!

미역국의 효능
미역은 피를 맑게 하고 붓기를 해소하여 출산 후 산모들이 자주 먹는 음식이에요.
미역을 비롯한 해조류는 자체 식이섬유가 풍부하여 변비 예방, 다이어트에 좋아요.
미역을 이용해 미역국, 미역회, 미역 초무침 등 다양하게 만들어 드세요.

갖고 있는 재료들 모두 집합 부대찌개

냉장고 속 재료들 모아모아 친구들과 부대찌개 파티 열어보세요.
자고로 부대찌개는 여럿이 함께 먹어야 가장 맛있어요.

01 육수 만들기 냄비 안에 물(6컵),
멸치(6개), 다시마(1장)를 넣고 끓인
다. 끓기 시작하면 다시마는 건지고,
5분 더 끓인 후 체에 걸러둔다.

02 햄은 먹기 좋게 썰어주고, 떡은
잠시 물에 담가둔다. 대파와 고추는
어슷썬다.

03 냄비에 육수(1번)를 담고 끓인
다. 끓기 시작하면 간장, 다진 마늘,
고춧가루, 고추장을 넣고 잘 풀어준
다. 이어 햄을 넣어준다.

04 끓으면 떡, 만두, 라면사리를 넣
는다.

국물이 너무 졸았으면 물을 보충한다.

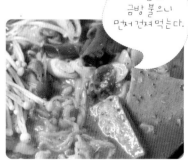

라면은 금방 불으니 먼저 건져먹는다.

05 마지막으로 대파, 고추를 넣고
한소끔 끓인다.

06 라면이 익으면 불에서 내린다.
치즈 한 두장을 올린 후 먹으면 더욱
맛있다.

과음은 그만얼른 속 풀자! 북어국

술 먹고 난 다음날 해장국으로는 '북어국' 이 최고지요.
아침에 무거운 눈꺼풀로 부시시하게 일어난 그를 위해 북어국을 끓여주는 당신!
고 단백질, 숙취해소에 좋은 '북어국' 으로 파트너의 건강을 살펴세요.

재료 준비하기(2인분)

북어포(한 줌), 무(약 1/6개, 100g), 양
파(1/2개), 대파(1/2뿌리), 고추(1/2개),
들기름(2숟가락), 다진 마늘(1/2숟가락),
국간장(2숟가락), 소금(조금), 후추(조금)
멸치다시마 육수 만들기 물(6컵, 종이컵
기준), 멸치(6개), 다시마(1장, 7~8cm)

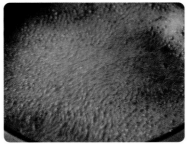

01 육수 만들기 냄비 안에 물(6컵),
멸치(6개), 다시마(1장)를 넣고 끓인
다. 끓기 시작하면 다시마는 건지고,
5분 더 끓인 후 체에 걸러둔다.

02 무는 네모지게 썰어두고 양파는
채를 썰고 대파, 고추는 어슷썰기 한다.

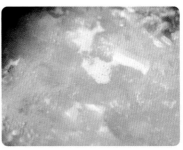

03 준비한 북어포는 물에 불려 물기
를 짠 후 들기름에 볶는다.

04 냄비에 육수(1번)를 담고 끓인
다. 육수가 끓기 시작하면 볶은 북어,
무, 양파를 넣는다.

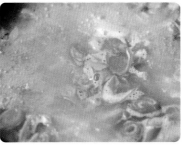

05 대파, 고추, 다진 마늘을 넣고 국
간장으로 간을 한다.

06 소금, 후추로 최종 간을 한 후 깊
은 맛이 우러나도록 은은한 불에서
푹 끓인 후 마무리한다.

외국인도 반하는 맛 불고기전골

집에 중요한 손님을 초대했을 때 어떤 요리를 해야 할지 막막하죠?
누구나 좋아하는 '불고기전골'로 상차림 해보세
실패할 확률이 적기 때문에 요리에 자신 없는 분 도 쉽게 만들 수 있어요

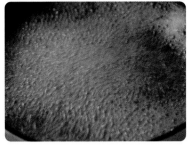

미리 불려놓은 당면은 금방 익어 조리시간이 단축된다.

01 육수 만들기 냄비 안에 물(6컵), 멸치(6개), 다시마(1장)를 넣고 끓인다. 끓기 시작하면 다시마는 건지고, 5분 더 끓인 후 체에 걸러둔다.

02 쇠고기는 키친타올로 핏물을 제거한다. 당면은 미리 물에 불려 놓는다.

03 표고버섯, 양파, 대파, 당근은 먹기 좋게 썰어준다.

04 핏물 제거한 쇠고기에 양파(반만), 대파(반만) 넣고 양념 재료(간장, 청주, 설탕, 다진 마늘, 참기름, 깨소금, 후추)를 모두 넣고 버무려준다.

05 냄비에 육수(1번)를 담고 끓인다. 끓기 시작하면 양념한 쇠고기를 넣고 표고버섯, 당근을 넣는다. 남은 양파, 대파도 함께 넣는다.

06 고기가 익기 시작하면 당면을 넣고 충분히 끓여 준다. 당면이 익었으면 불에서 내린다.

깊고 시원한 맛! 소고기무국

속 시원한 소고기무국! 아침, 점심, 저녁 식탁위에 매일 올라와도 전혀 지겹지 않아요.

01 무는 네모지게(0.5cm두께) 썰어 두고, 대파는 어슷썰기 한다.

02 쇠고기는 얄팍하게 썰고 핏물제 거를 위해 키친타올로 꾹 눌러준다. 다진 마늘, 국간장, 참기름, 후추를 넣고 쇠고기를 양념한다.

03 냄비 안에 물(6컵)을 담고 팔팔 끓여준다. 끓기 시작하면, 양념한 쇠 고기를 넣고 함께 끓이기 시작한다.

04 무도 넣고, 끓이는 도중 거품이 생기면 걷어낸다. 무가 투명하게 익기 시작했을 때 국간장으로 간을 한다.

05 대파를 넣고 한소끔 끓인 후 간 을 보자. 싱겁다면 소금으로 최종 간 하고 마무리한다.

엄마가 끓여주던 순두부찌개

고혈압, 성인병 예방에 좋은 콩 순두부

만들기 어려울거라고 생각했던 '순두부찌개' 도 쉽고 간단하게 만들어 보세요.

재료 준비하기(2인분)

순두부(1봉지, 400g), 바지락(한 줌), 양파(1/4개), 애호박(1/3개), 고추(1개), 팽이버섯(조금), 대파(1/2뿌리), 계란노른자(1개), 다진 마늘(1/2숟가락), 소금(조금), 후추(조금), 맛술(1숟가락), 고추기름(1.5숟가락), 고춧가루(2숟가락), 새우젓(1/3숟가락)

멸치다시마 육수 만들기 물(6컵, 종이컵 기준), 멸치(6개), 다시마(1장, 7~8cm)

미리 준비하기

고추기름 만들기 고춧가루(1/2컵)에 물(1숟가락)을 넣고 고춧가루를 조금 촉촉하게 축여준다. 식용유(1컵반)는 팬 안에 담고 불 위에 올려 따뜻하게 데워준다(끓이는게 아님).
고추기름을 담을 용기 준비. 용기 위에 거름종이(또는 키친타올)를 올리고, 고춧가루를 담는다(거름종이 아래 체를 받치면 편리).
고춧가루 위에 데운 식용유를 조심스럽게 부어 붉은 기름이 걸러 나오면 고추기름 완성. 남은 고추기름은 냉장보관한다(약 두달 보관 가능).

01 고추기름 준비. 고추기름을 따로 만들 시간조차 없다면, 냄비에 고춧가루(1숟가락), 식용유(1숟가락)를 넣고 타지 않게 볶은 후 바로 요리하자.

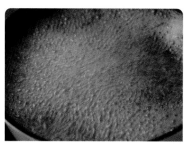

02 육수만들기 냄비 안에 물(6컵), 멸치(6개), 다시마(1장)를 넣고 끓인다. 끓기 시작하면 다시마는 건지고, 5분 더 끓인 후 체에 걸러둔다.

해감을해야 국물이 깔끔하다.

03 바지락은 소금물에 담궈 해감 한 후 깨끗이 씻어 준비한다.

04 양파, 애호박은 썰어두고 고추, 대파는 어슷썰기, 팽이버섯은 밑동을 정리한다.

05 만들어둔 육수(1번)에 바지락, 양파, 맛술, 고추기름, 고춧가루, 새우젓을 넣고 끓여준다.

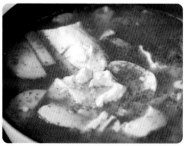

06 끓으면 순두부, 애호박, 고추, 대파, 다진 마늘 넣고 한소끔 끓여주자.

07 소금, 후추로 최종 간 한 후 팽이버섯을 넣고 계란 노른자로 마무리한다.

소주 생각나게 만드는 얼큰한 곱창탕

소주 한 잔~ 친구와 함께 알콩달콩 옛 이야기를 나누며, 정이 오고가는 따뜻한 술자리!

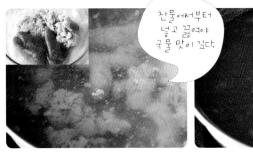

01 대파는 어슷썰고 양파는 채를 썰고 느타리버섯은 먹기 좋게 뜯어 놓는다. 준비한 명란, 곤이는 잘 씻어 물(8컵)에 소금(조금) 넣고 끓인다.

02 물이 팔팔 끓을 때 맛술, 고추장, 고춧가루를 넣어준다.

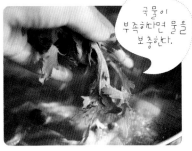

03 다시 한소끔 끓어오르면 대파, 양파, 느타리버섯을 넣어준다.

04 다진 마늘, 후추를 넣고 맛을 낸 후 쑥갓을 넣고 잠시 끓인다.

05 은은한 불에서 깊은 국물 맛이 우러나도록 충분히 끓인 후 불에서 내린다.

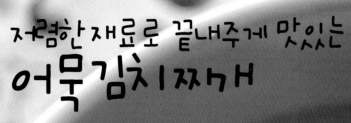

저렴한 재료로 끝내주게 맛있는
어묵김치찌개

부담없는 착한 재료로 '어묵김치찌개' 만들어 보세요.
매번 똑같은 김치찌개만 만들어 지겹다 하시는 분들은 어묵을 넣고 활용해 보세요.
국물 맛이 2배로 맛있어져요.

01 육수 만들기 냄비 안에 물(6컵), 멸치(6개), 다시마(1장)를 넣고 끓인다. 끓기 시작하면 다시마는 건지고, 5분 더 끓인 후 체에 걸러둔다.

02 김치는 썰어준다.

03 어묵, 양파도 썰어두고 대파, 고추는 어슷썰기 한다.

04 썰어둔 김치와 어묵은 기름 두른 팬에 넣고 볶아준다.

05 김치의 숨이 죽으면 육수(1번)를 붓고 함께 끓인다. 끓기 시작하면 고추장, 고춧가루, 다진 마늘, 양파, 매실액을 넣는다. 한소끔 끓으면 국간장으로 간을 맞춘다.

06 마지막으로 대파와 고추를 넣고 한소끔 끓인 후 불에서 내린다.

술안주로 좋은  어묵탕

애인과 술 마시며 분위기 내고 싶은 날, 친구와 얼큰하게 취하고 싶은날
술안주로 시원한 '어묵탕' 준비해 보세요. 아이들 간식으로도 좋아요.
떡볶이, 순대 분식요리와 함께 먹어도 맛있는 '어묵탕' 이지요.

재료 준비하기(3~4인분)

어묵(4~5장, 먹을만큼 준비), 간장(1숟가락), 소금(조금), 삶은 계란(2개, 생략 가능)
멸치다시마 육수 만들기 물(7컵, 종이컵 기준), 멸치(6개), 다시마(1장, 7~8cm), 대파(1뿌리), 무(1/4개)

01 계란은 미리 삶아둔다. 대파는 6cm로 길게 썰어두고, 무는 덩어리째 큼직하게 썬다.

02 준비한 어묵은 썰거나 꼬지에 길게 꽂아 놓는다.

육수에서 건진 무는 적당하게 썰어 다시 넣어주도 좋다.

물이 부족하면 보충한다.

03 육수 만들기 냄비 안에 물(7컵), 멸치(6개), 다시마(1장), 대파, 무를 넣고 끓여준다. 끓고나서 5분이 지나면 다시마는 미리 건지고, 10분간 팔팔 더 끓여준다.

04 육수는 체에 거르고 끓기 시작하면 어묵을 넣고 간장, 소금간을 한다. 은은한 불에서 충분히 푹 끓여 준 후 삶은 계란을 올리고 마무리한다.

시원한 국물이 끌리는 날 오징어 찌개

오늘의 메인 메뉴는 오징어 !
오징어 두 마리 사다가 , 한 마리는 오늘밤 먹을 시원한 오징어찌개로,
남은 한 마리는 내일 먹을 매콤한 오징어 볶음으로!

재료 준비하기(2인분)

오징어(1마리), 양파(1/2개), 애호박(1/2개), 무(약1/4개, 200g), 두부(1/2모), 대파(1/2뿌리), 고추(1개), 고춧가루(1숟가락), 다진 마늘(1숟가락), 고추장(2숟가락), 국간장(2숟가락), 소금(조금)

멸치다시마 육수 만들기 물(6컵, 종이컵 기준), 멸치(6개), 다시마(1장, 7~8cm)

껍질 벗기는 과정이 귀찮으면 생략

01 육수 만들기 냄비 안에 물(6컵), 멸치(6개), 다시마(1장)를 넣고 끓인다. 끓기 시작하면 다시마는 건지고, 5분 더 끓인 후 체에 걸러둔다.

02 오징어는 내장을 제거한 후, 깨끗이 씻어 굵은소금으로 박박 문질러 껍질을 벗겨준다.

03 깨끗이 정리한 오징어는 먹기 좋게 썰어준다.

04 양파, 애호박, 무는 적당한 크기로 썰어두고 두부는 네모지게 썰어둔다. 대파와 고추는 어슷썰기 한다.

간을 본 후 싱거우면 소금과 국간장으로 최종 간한다.

05 냄비에 육수(1번)를 담고, 육수가 끓기 직전에 고춧가루와 무를 넣는다.

06 끓기 시작하면 오징어, 양파, 애호박을 넣는다. 바로 이어 고추장, 국간장을 넣는다.

07 두부, 대파, 고추, 다진 마늘을 넣고 한소끔 끓인다.

내 입맛은 신토불이 육개장

장터에서 사먹던 육개장 ... 의 맛을 잊지 못해 기억을 더듬으며 만들어 봤어요. 오늘 밤 책크럭 ...

소고기는 핏물 제거를 위해 잠시 찬물에 담가둔다.

01 고추기름 준비. 고추기름을 따로 만들 시간조차 없다면, 냄비에 고춧가루(1숟가락), 식용유(1숟가락)를 넣고 타지 않게 볶은 후 바로 요리하자.

02 물(10컵)을 담은 냄비 안에 핏물 제거한 쇠고기를 넣고 약 30분간 끓인 후, 육수는 그대로 두고 쇠고기는 한 김 식힌 후 결대로 찢어 놓는다.

03 숙주는 꼬리를 떼고 끓는 물에 뚜껑닫고 데친다. 데친 숙주는 찬물에 씻은 후 물기를 꼭 짜서 준비한다.

04 끓는 물에 데친 고사리는 썰어 둔다. 대파는 길게(약 6cm) 썰고 미리 만들어둔 육수 안에 담궈 조금 데친 후 건진다.

물이 부족하다 싶으면 육수를 좀더 보충한다.

05 볼 안에 고사리, 숙주, 쇠고기, (데친)대파를 담고 **양념재료**(국간장, 다진 마늘, 참기름, 고춧가루, 고추기름, 후추)를 넣고 조물조물 버무리자.

06 만들어둔 고기육수(2번)를 끓이고, 끓기 시작하면 고사리 무침(5번)을 넣고 은은한 불에서 충분히 푹 끓인다. 최종 간은 국간장으로 한다.

숙취해소의 절대강자! 콩나물국

콩나물은 숙취해소에도 좋지만 감기예방에도 좋아요.
오늘 아침은 건강한 콩나물국으로 끓여 드세요.

01 육수 만들기 냄비 안에 물(6컵),
멸치(6개), 다시마(1장)를 넣고 끓인
다. 끓기 시작하면 다시마는 건지고,
5분 더 끓인 후 체에 걸러둔다.

02 콩나물은 꼬리를 제거하지 않고
잘 씻어 바로 사용한다. 대파, 고추는
어슷썬다.

얼큰하게
먹고 싶다면
고춧가루를
추가한다.

03 냄비에 육수(1번)를 담고 끓인
다. 끓기 시작하면 콩나물을 넣고, 뚜
껑 닫고 한소끔 끓인다.

04 다시 끓어 오르면 새우젓, 다진
마늘, 대파, 고추를 넣어 끓이고 마지
막에 간을 본 후 소금으로 최종 간 한
다.

Part 03

봉식이의 세 번째 컬러요리
메인요리

가끔 세상에서 제일 특별한 음식을 먹고 싶을 때가 있죠?

이때 우리는 시켜먹을까, 직접 사먹을까 하며 힘든 고민에 빠지게 되죠.

이제 고민하지 마세요! 손쉽게 구할 수 있는 재료로 특별한 요리 하나 만들면 좋겠죠?!

입에 착착 감기는 부드러움 까르보나라

레스토랑에서 사먹던 까르보나라!
이제는 집에서 쉽고 간단하게 만들어 드세요.

재료 준비하기(1인분)

스파게티 면(100g), 올리브 오일(1숟가락), 마늘(3~4쪽), 고추(1/2개, 조금), 양파(1/4개), 생크림(1컵 조금 넘게, 200g), 파마산 치즈가루(조금), 계란 노른자(1개), 후추(조금), 소금(조금)

01 양파, 고추는 적당한 크기로 다지고, 마늘은 편 썬다.

02 스파게티 면100g(한 줌)은 사진으로 확인한다.

끓는 물에 소금, 올리브오일 조금 넣기

약불에서 타지 않게 주의!

03 스파게티 면은 끓는 물에 넣고 약 8~9분 정도 익힌다. 다 익은 면은 체에 건져둔다.

04 팬에 올리브오일 두르고 얇게 편 썬 마늘을 넣고 볶다가 고추도 마저 넣고 볶는다. 마늘향이 우러나기 시작하면 양파를 넣고 볶기 시작한다.

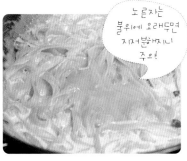

노른자는 불위에 오래두면 지저분해지니 주의!

05 스파게티 면을 팬 안에 넣고 볶기 시작한다. 생크림을 넣고 끓이다가 파마산 치즈가루를 적당히 넣고 소금, 후추 넣고 기호에 맞게 간한다.

06 생크림이 졸여지기 시작하면 불을 끄고, 풀어둔 계란 노른자를 넣고 재빨리 버무려서 접시에 담는다.

고급 중국 요리도 집에서 뚝딱! 깐풍기

집에서도 쉽고 간단하게 비싼 중국 요리 '깐풍기' 만들어 보세요.
집들이 음식, 손님 초대 요리로 매우 훌륭한 요리입니다.

재료 준비하기(3~4인분)

닭가슴살 또는 닭안심(약 250g), 청주(1숟가락), 소금(조금), 후추(조금), 식용유(튀김용 기름), 피망(1/2개), 양파(1/2개), 고추기름(1숟가락)

튀김옷 만들기 전분가루(5숟가락), 계란(1개), 물(2숟가락)

양념 만들기 물(12숟가락), 맛술(2숟가락), 굴소스(2숟가락), 식초(1숟가락), 올리고당(2숟가락), 간장(1숟가락), 설탕(1숟가락), 참기름(1/2숟가락), 다진 마늘(1숟가락), 고춧가루(조금), 후추(조금)

미리 준비하기

고추기름 만들기 고춧가루(1/2컵)에 물(1숟가락)을 넣고 고춧가루를 조금 촉촉하게 축여준다. 식용유(1컵 반)는 팬 안에 담고 불 위에 올려 따뜻하게 데워준다(끓이는게 아님).

고추기름 담을 용기 준비. 용기 위에 거름종이(또는 키친타올)를 올리고, 고춧가루를 담는다(거름종이 아래 체를 받치면 편리).

고춧가루 위에 데운 식용유를 조심스럽게 부어 붉은 기름이 걸러 나오면 고추기름 완성. 남은 고추기름은 냉장보관한다(약 두달 보관 가능).

01 고추기름 준비. 고추기름을 따로 만들 시간조차 없다면, 냄비에 고춧가루(1숟가락), 식용유(1숟가락)를 넣고 타지 않게 볶은 후 바로 요리하자.

02 손질한 닭은 청주, 소금, 후추 넣고 재워둔다(약 20분간).

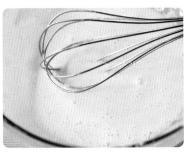

03 튀김옷 만들기 볼 안에 전분가루, 계란, 물을 넣고 잘 섞는다.

두 번 튀겨야 바삭하고 맛있다.

04 밑간 한 닭은 튀김옷 반죽을 묻히고 약 170~180℃로 예열한 기름에 튀긴다. 튀긴 닭은 키친타올 위에 잠시 올려두고 양념 만들기.

05 준비한 피망, 양파는 잘게 다진다.

06 고추기름 넣은 팬에 다진 피망, 양파를 넣고 볶다가 양파가 투명해지기 시작하면 양념 재료를 모두 넣고 끓인다.

07 소스가 끓기 시작하고 걸쭉한 느낌이 들 때, 튀긴 닭을 함께 넣고 버무린다.

오늘은 특별하게 먹어볼까?
데리야끼땅콩닭조림

감칠맛 나는 데리야끼 소스의 닭 안심!
부드러운 닭안심, 고소하게 씹히는 땅콩 때문에 자주 먹게 되는 중독성 있는 요리에요.
식사, 간식으로 먹고 가끔 술안주로도 만들어 드세요.

재료 준비하기(2인분)

닭안심 또는 닭가슴살(400g), 청주(1숟가락), 소금(조금), 후추(조금), 우유(조금, 생략가능), 오일(또는 식용유), 다진 땅콩(2숟가락)

데리야끼 소스 만들기 간장(4숟가락), 맛술(3숟가락), 설탕(1숟가락), 물엿(2숟가락), 생강(3g)

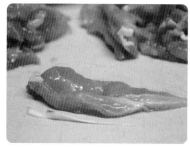 

01 준비한 닭안심은 기름, 힘줄 부분을 떼어 손질한 후 우유에 재워둔다(잡내 제거).

02 정리한 닭고기에 청주, 소금, 후추를 넣고 약 20분간 재워둔다.

03 데리야끼 소스 만들기 볼 안에 간장, 맛술, 설탕, 물엿, 생강(편 썬)을 넣고 잘 개어둔다.

04 기름 두른 팬에 닭고기를 올리고 굽는다.

05 반쯤 익었을 때 데리야끼 소스를 부어 윤기나게 굽는다. 잘게 다진 땅콩을 넣고 마무리 한다.

다이어트 중이라면
닭가슴살무쌈말이

다이어트하는 분들에게 좋은 식재료 닭가슴살! 닭가슴살무쌈말이는 저칼로리 요리라 부담 없어요.
데쳐만 먹던 질린 닭가슴살! 이렇게 무쌈말이로 활용해 보세요. 물리지 않고 맛있게 먹을 수 있답니다.

재료 준비하기(2인분)

무쌈(적당히), 닭가슴살(1개), 청주(1숟가락), 소금(조금), 후추(조금), 무순(한 줌), 새싹 채소(한 줌), 파프리카 (1/2~1개)

땅콩소스 만들기 땅콩버터(2숟가락), 마요네즈(1숟가락), 연겨자(1/2숟가락), 레몬즙(1숟가락), 물엿(1/2숟가락), 설탕(1/3숟가락)

찢어지지 않게 조심!

01 무쌈은 손으로 살포시 잡고 물기를 꼭 짜준다(찢어지지 않게 주의).

02 닭가슴살은 반 갈라 포를 뜬 후 청주, 소금, 후추 넣고 재어둔다(약 20분간).

03 무순, 새싹 채소는 씻은 후 물기를 탁탁 털어두고, 파프리카는 가늘게 채를 썬다.

04 땅콩소스 만들기 볼 안에 땅콩버터, 마요네즈, 연겨자, 레몬즙, 물엿, 설탕을 넣고 잘 개어둔다.

05 밑간한 닭가슴살은 끓는 물에 넣어 익힌다. 한 김 식힌 후 결대로 갈기 갈기 찢어 놓는다.

06 아삭한 무쌈에 닭가슴살과 각종 채소(무순, 새싹채소, 파프리카)를 넣고 잘 싸서 땅콩소스에 찍어 먹는다.

집에서 만들어 보고 싶었던 알리오 올리오

재료가 간단해서 만들기 부담스럽지 않은 '알리오올리오'.

오늘 점심메뉴로 담백한 알리오올리오 어떠세요?

01 고추는 다지고, 마늘은 편썬다.

02 스파게티 면 100g(한 줌)은 사진
으로 확인한다.

끓는 물에
소금, 올리브오일
조금 넣기

03 스파게티 면은 끓는 물에 넣고
약 8~9분 정도 익힌다. 다 익은 면은
체에 건져둔다.

약불에서
타지 않게
주의!

04 팬에 올리브오일 두르고 얇게 편
썬 마늘을 넣고 볶다가 고추도 마저
넣고 볶는다.

05 익은 스파게티 면을 팬 안에 함
께 넣고 볶기 시작한다.

06 볶다가 파마산 치즈가루를 적당
히 넣고 후추, 소금 넣고 기호에 맞게
간한다. 마지막으로 파슬리가루를 넣
고 마무리한다.

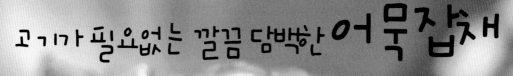

고기가 필요없는 깔끔 담백한 어묵잡채

잔치집에 빠져서는 안될 메뉴, 잡채
고기를 쏙 빼고, '어묵'을 넉넉히 넣은 어묵잡채
고기를 부담스러워 하는 분들도 부담없이 드실 수 있는 담백한 잡채에요.

재료 준비하기(3~4인분)

당면(두 줌), 어묵(2장), 시금치(한 줌, 데
친것), 당근(1/2개), 양파(1/2개), 오일(또
는 식용유), 간장(3숟가락), 설탕(1/2숟가
락), 참기름(조금), 깨소금(적당히), 소금
(조금), 후추(조금)

굵직한 밑동은 십자가로 칼집을 낸다.

01 시금치는 누런 잎은 떼어내고 밑
동을 다듬은 후 흐르는 물에 깨끗이
씻고, 소금 넣은 끓는 물에 담궈 숨이
죽을 때까지 데친다.

02 데친 시금치는 참기름, 깨소금,
소금 넣고 조물조물 버무려둔다.

물에 담궈둔 당면은 빠르게익어 조리시간이 단축된다.

채소와어묵은 같이 볶으면 고유의 맛이떨어지므로 번거롭더라도 따로 볶는다.

03 당면은 찬물에 미리 담궈둔다.

04 당근, 양파, 어묵은 얇게 채를 썰
어 준비한다. 채를 썬 당근과 양파는
기름 두른 팬에 넣고 먼저 볶는다. 어
묵은 따로 볶아둔다.

05 당면은 팔팔 끓는 물에 삶아서
체에 건져 한 김 식힌 후 먹기 좋게
가위로 자르고 간장, 설탕을 넣고 버
무려둔다.

06 당면에 당근, 양파, 어묵, 시금치
를 같이 올리고 참기름, 깨소금, 소
금, 후추를 넣고 버무린다. 부족한 간
은 간장으로 보충한다.

바삭바삭 달콤한 홈메이드 탕수육

집들이 상차림, 생일 상차림에 단골 메뉴는 바로 탕수육이죠.
특히 주말에 '중화요리' 가 생각나서 배달시켜 먹기 위해 전화기 들었다 놓았다 하신 적 있으시죠?
마트에 가서 필요한 재료들 다 구입해 내 손으로 직접 깔끔하고 믿음직스러운 홈메이드 '탕수육' 만들어 보세요.
맛도 보람도 2배 입니다.

재료 준비하기(3~4인분)

돼지고기(1근, 안심 600g), 청주(2숟가락), 간장(2숟가락), 소금(조금), 후추(조금), 당근(1/2개), 양파(1/2개), 피망 또는 파프리카(1개), 식용유(튀김용 기름)

튀김옷 만들기 전분가루(2컵, 종이컵기준), 계란(1개), 물(약 1컵, 150㎖), 식용유(2숟가락)

소스 만들기 물(약 3컵, 500㎖), 간장(4숟가락), 식초(6숟가락), 설탕(7숟가락), 레몬즙(2숟가락), 전분가루(2숟가락)+물(3숟가락)

01 돼지고기는 기름기 적은 부위로 준비(안심 혹은 등심)한다. 고기는 키친타올 위에 올려 핏물을 제거한 후 청주(2), 간장(2), 소금(조금), 후추(조금) 넣고 재워둔다(약 20분간).

02 당근, 양파, 피망은 먹기 좋은 크기로 썰어둔다.

03 튀김옷 만들기 볼 안에 전분가루, 계란(1), 물(150), 식용유(2)를 넣고 잘 섞은 후 튀김용 기름은 팬에 붓고 미리 예열 해둔다.

마지막에 한번 더 튀길거니 바싹 튀길 필요는 없다.

04 밑간한 고기는 튀김옷 반죽을 묻히고 (예열한)기름 속에 넣어 튀긴다. 튀긴 고기는 키친타올 위에 올려두자.

레몬즙 대신 매실액 또는 식초(1)대체가능

05 팬에 물(500)을 붓고 끓으면 간장(4), 식초(6), 설탕(7), 레몬즙(2)를 넣는다. 당근, 양파, 피망을 넣고 한소끔 끓인 후 전분가루(2)+물(3)을 섞은 전분물을 넣고 얼른 섞는다.

06 소스가 다 만들어졌으면 고기를 다시 한번 높은 온도에서 짧게 튀겨낸 후 소스를 부어 먹는다.

Part 04

봉식이의 네 번째 컬러요리
간식

'세상에는 먹을 게 많은데 오늘은 먹을 게 없다!'

하시는 분들을 위해 준비한 레시피에요.

밥 먹기 싫은 날 한 번 만들어 보세요.

기분전환은 드라이브만 있는 게 아니죠.

맛있는 간식 요리로 기분 전환 해보는 것도 좋겠죠?

감자와 가지는 친구 감자가지부침개

고소한 감자와 말캉한 가지가 만났다! 감자가지부침개!
감자 반죽에 가지 풍당 넣어 노릇하고 바삭하게 부쳐드세요.

01 감자는 껍질을 잘 벗긴 후, 믹서
기에 갈기 좋은 크기로 썰어준다. 대
충 썰어둔 감자는 믹서기 안에 넣고
곱게 갈아준다.

02 가지는 적당한 두께로 썰어준다.

바삭하게
노릇하게!
부쳐주는 게 포인트!

소금은
조금만 넣는다.
감자가지부침개는 심심
하게 부쳐서 초간장에
찍어먹으면 맛있다.

03 큰 볼에 갈아둔 감자를 넣고, 부
침가루, 소금, 후추를 넣고 잘 섞는
다. 이어 가지도 넣고 함께 섞는다.

04 기름을 넉넉히 두른 팬에 반죽을
적당하게 붓고 앞뒤로 노릇하게 부쳐
준다.

아침밥으로 훌륭해 고구마양파수프

중간에 씹는 고구마 맛이 더 좋아요.
고구마가 들어간 수프라 포만감이 있어 아침식사 대용으로 그만이에요.

재료 준비하기(3~4인분)

찐 고구마(2개, 중간크키), 양파(1/2개),
버터(1숟가락), 우유(2컵 반, 종이컵기
준), 후추(조금), 소금(조금)

씹는맛이
싫다면 믹서기반에
고구마 우유 넣고
곱게 갈기

01 고구마는 푹 익게 찐 후 껍질을 벗겨준다.

02 고구마는 잘게 토막내서 썰어두자. 믹서기로 가는 것보다 씹는 맛이 있어서 좋다.

03 양파는 송송 썰어서 버터 두른 팬에 달달 볶는다. 소금, 후추를 조금 넣고 간한다.

04 양파가 투명해졌을 때 믹서기 안에 우유(1컵만)와 볶은 양파를 넣고 곱게 갈아준다.

주걱으로
고구마를 으깨면서
끓여주자.

05 수프용 팬 안에 방금 갈아 주었던 양파 우유물과 잘게 썰어둔 찐 고구마를 넣고 끓이기 시작한다. 끓이는 중간 나머지 남은 우유도 같이 넣어준다.

06 어느정도 고구마가 으깨지고 걸죽해졌다 싶을 때 간을 보자. 좀 싱겁다 싶으면 소금이나, 후추로 간한다 (국물이 부족하면 우유를 보충한다).

든든해서 한 끼 식사로 좋은

고구마치즈샌드위치

포만감 가득한 '고구마치즈샌드위치' 만들어 보세요.
아침에 먹으면 하루를 든든하게 시작할 수있어요.

토스트한 식빵은 겹쳐 두지 말고 펼쳐 세워 놓아야 눅눅하지 않고 바삭하게 먹을 수 있다.

01 1인분 레시피이므로 2인분 이상 만들거라면 재료를 넉넉히 준비한다. 고구마는 푹 익게 찐 후 껍질을 제거한다.

02 마른 팬에 식빵을 올려 앞뒤로 노릇하게 굽는다(식빵 3개). 양상추는 찬물로 씻은 후 물기를 제거한다.

고구마는 뜨거울수록 쉽게 으깰 수 있다.

03 찐 고구마는 적당한 크기로 썰어 볼 안에 넣고 곱게 으깬다. 으깬 고구마에 마요네즈, 꿀, 소금, 후추를 넣고 잘 섞는다.

04 토스트한 식빵은 테두리를 정리한 후 빵 안쪽에 각각 마요네즈, 허니머스터드, 딸기잼을 바른다.

불에 달군 칼로 썰면 훨씬 깔끔하게 썰린다.

05 마요네즈가 발린 빵 위에 양상추를 올리고, 고구마를 넉넉히 올린다. 치즈를 올리고, 다른 빵 하나를 덮어준다.

06 빵 위에 다시 고구마를 넉넉히 올리고 양상추, 치즈를 올린다(반복).

07 다른 빵 하나를 덮어 살포시 눌러 고정시킨다. 속재료가 고정이 잘된 후 썰면 더 깔끔하니 좋다.

프로방거푸드로 제계 고구마치즈카나페

즐거운 홈파티에 핑거푸드로 '고구마 카나페' 준비 해보세요.
한 입에 쏙 넣어 먹기 편해요.

01 찐 고구마는 껍질을 잘 벗겨서
으깬 후 마요네즈, 우유, 소금, 후추,
꿀을 넣고 골고루 섞어준다.

02 피클은 물기를 확실히 제거한 후
곱게 다진다.

짤주머니를
이용하면
더 깔끔하게 짤수
있다.

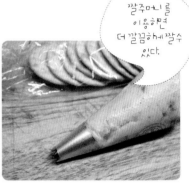

03 으깬 고구마에 다져둔 피클을 넣
고 골고루 섞어준다(더 부드럽게 먹
고 싶으면 우유 추가).

04 바삭한 크래커를 준비하고 크래
커 위에 작게 자른 치즈를 올리고, 고
구마 반죽을 예쁘게 올린다.

고구마 간식이 최고!

고구마케첩범버기

튀기는 고구마가 부담스럽다면 오븐에 구워주셔도 좋아요.
새콤한 양념에 버무려 먹는 '고구마케첩범버기'는 술 안주, 야식으로 정말 좋아요.

고구마대신 단호박으로 대체해도 좋다.

튀김옷의 농도는 질퍽한정도가 좋다.

01 준비한 고구마는 껍질을 벗겨 네
모나게 깍뚝 썰고 찬물에 잠시 담궈
전분을 제거한다. 준비한 파프리카도
네모나게 썬다.

02 튀김옷 만들기 볼 안에 밀가루,
계란 노른자, 소금을 넣고 물을 넣어
가며 농도를 조절한다.

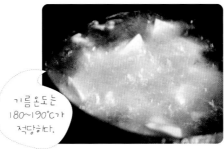

기름온도는 180~190℃가 적당하다.

바삭하게 먹고 싶으면 두 번 튀기기!

03 물기를 제거한 고구마는 튀김옷
을 입히고 약 170~180℃로 예열한
기름에 튀겨준다.

04 노릇하게 튀긴 고구마는 키친타
올 위에 올려 기름을 제거한다.

05 소스 만들기 그릇 안에 케첩(4),
물(1/2컵), 설탕(1), 다진 마늘(1), 후
추(조금) 넣고 잘 저어준다.

06 팬 안에 소스를 붓고 파프리카를
넣고 약한 불에서 함께 끓이기 시작
한다.

07 한 번 끓어오르면 전분가루
(1/2)+물(2)을 섞은 전분물을 조금씩
넣는다. 걸죽해졌으면 고구마 위에
부어 버무려 먹는다.

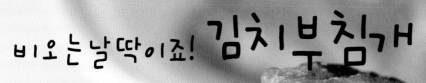

비오는날딱이죠! 김치부침개

비오는 날, 쌀쌀한 날 김치부침개 부치며 기름 냄새 풍겨 보세요.
넉넉히 부쳐서 고마운 이웃과 함께 나눠먹기.
뽀얀 막걸리도 함께 있다면 금상첨화겠죠.

재료 준비하기(3~4인분)

김치(한 줌 반), 애호박(1/3개), 밀가루(2
컵, 종이컵기준), 오일(또는 식용유), 김
치국물(약 10숟가락), 계란(2개), 다진
마늘(1티스푼), 소금(조금), 후추(조금),
물(1컵, 종이컵기준)

물은
한번에 넣지 말고
반죽 농도를 봐가며
넣는다.

01 김치, 애호박은 먹기 좋게 썰어
준다.

02 큰 볼에 김치, 애호박, 밀가루,
김치국물, 계란, 다진 마늘, 소금, 후
추, 물을 넣고 잘 개어준다.

바닥면이
노릇하게 구워졌을 때
뒤집어야 찢어지지 않고
예쁘게 구울 수 있다.

03 기름 두른 팬에 반죽 한 국자 떠
서 얇고 평평하게 편 후 앞뒤로 노릇
하게 부친다.

04 다 구운 김치부침개는 따뜻할 때
먹어야 맛있다.

알고갑시다!

김치 부침개와 막걸리의 궁합
비가 오면 생각나는 김치부침개와 막걸리. 왜 비 오는 날 더욱 생각날까요?
빗소리와 부침개를 부칠 때 지글대는 소리가 비슷해서 감성적인 이유 때문이겠죠?
빗소리를 들으며 김치부침개, 막걸리 한 잔 먹으면 세상 부러울 것이 없어요.

꿀로 만든 고구마맛탕

맛탕은 100g에 약 150칼로리. 마른 오징어는 1마리에 약 300칼로리 정도.
두 칼로리 비교를 보고 깜짝 놀랐던 기억이 있어요.
'맛탕이 생각보다 칼로리가 적다.' 라는 사실.

재료 준비하기(3~4인분)

고구마 (중간크기 4개, 약 850g)

시럽 만들기 꿀(5숟가락), 올리고당(4숟가락), 물(3숟가락), 시나몬가루(조금), 식용유(튀김용 기름)

01 준비한 고구마는 껍질을 벗겨 먹기 좋은 크기로 썰어 물에 담궈 전분기를 제거한 후 키친타올 위에 올려 물기를 닦아준다.

02 약 170~180℃로 예열한 기름에 고구마를 넣고 속까지 익도록 튀긴다.

꿀, 올리고당을 넣고 만든 시럽은 바삭하기 보다는 촉촉한편

03 튀긴 고구마는 키친타올 위에 올려 고여있는 기름을 제거한다.

04 시럽 만들기 팬 안에 꿀, 올리고당, 물을 넣고 끓여준다.

중간에 시나몬가루를 조금 넣고 같이 졸인다.

05 시럽이 걸죽해졌을 때 불을 끄고 튀긴 고구마를 쏟아 넣고 버무린다.

오늘밤 술안주로 어때? 닭봉구이

맥주 안주 뿐만 아니라 아이들 간식으로도 좋아요. 파봉, 손으로 들고 뜯어가며 맛있게 드세요.

재료 준비하기(3~4인분)

닭봉(500g), 청주(1숟가락), 소금(조금), 후추(조금), 오일(또는 식용유), 굴소스(3숟가락), 간장(2숟가락), 꿀(2숟가락), 물엿(1숟가락), 깨소금(조금)

01 닭봉은 깨끗이 씻은 후 청주, 소금, 후추로 밑간해 약 20분간 재워둔다. 볼 안에 양념 재료(굴소스, 간장, 꿀, 물엿, 깨소금)를 모두 넣고 개어둔다.

02 양념 안에 닭봉을 넣고 약 20분간 재워둔다.

닭이 충분히 익을 수 있도록 중간에 뚜껑 닫고 굽는다.

03 기름 두른 팬에 닭봉을 넣고 앞뒤로 양념을 고루 끼얹어 가며 약한 불에서 노릇하게 굽는다.

알고 갑시다!

닭봉을 구입할 때는 윤기가 흐르고 껍질이 투명한 것을 고르세요.
손으로 들고 살을 발라 먹는 재미, 쫀득한 육질의 닭봉은 특히 아이들이 좋아해요.
굽거나 튀기거나 다양한 요리로 즐기며 아이들뿐만 아니라 야식, 맥주 안주로도 제격입니다. 다이어트 중 식이조절 하시는 분이라면 닭봉의 껍질은 과감히 제거하고 요리하세요.

말캉말캉 도토리묵무침

술안주로도 최고인 가벼운 도토리묵 무침. 도토리묵은 칼로리가 적어 부담이 없어요.
다이어트 하는 분들 간식, 식사대용으로 만들어 드세요.

재료 준비하기(3~4인분)

도토리묵(700g), 양파(1/2개), 쪽파(조금), 마른 김(조금)

양념 만들기 간장(6숟가락), 고춧가루(2~3숟가락), 들기름(1숟가락, 없으면 참기름), 매실액(1/2숟가락), 설탕(1/3숟가락), 다진 마늘(1숟가락)

01 준비한 도토리묵은 끓는 물에 짧게 한 번 데쳐, 찬물에 씻은 후 먹기 좋게 썬다.

양파의 알싸한맛이 싫으면 찬물에 담궈둔다.

02 양파, 쪽파는 다져둔다.

준비한 도토리묵의 양에 따라 양념을 조절한다.

03 볼 안에 양념 재료(간장, 고춧가루, 들기름, 매실액, 설탕, 다진 마늘)를 미리 넣고 잘 섞어둔다.

04 양념에 도토리묵, 다진 양파와 쪽파를 넣고 살살 버무린다.

간이 부족하다 싶으면 간장을 더 추가한다.

05 마지막에 잘게 부순 김가루를 넣고 함께 버무린다.

10분안에 끝나는 스피드!
맛살오이샌드위치

맛살과 오이, 양파 이 셋의 궁합은 환상적이에요.
피크닉, 나들이 갈 때 '맛살오이샌드위치' 포장해서 테이크 아웃하세요.

재료 준비하기(약 2인분)

식빵 4장(1인분은 2장 필요), 맛살(4개), 양파(1/4개), 오이(80g), 마요네즈(5숟가락), 소금(조금), 후추(조금), 허니머스터드(3티스푼)

채를 썬 양파는 매운 맛을 제거하기 위해 찬물에 담궈둔다.

01 맛살과 양파는 채를 썬다.

02 오이는 돌려깎기 한 후 채를 썬다.

03 채를 썬 맛살, 양파, 오이, 마요네즈, 소금, 후추를 넣고 골고루 섞는다.

04 식빵은 마른 팬 위에 올려 앞뒤로 노릇노릇하게 구워준다. 구운 빵은 겹쳐두지 말고 펼쳐서 세워두자.

불에 달군 칼로 썰면 훨씬 깔끔하게 썰린다.

05 허니머스터드 소스를 바른 식빵 한 쪽에 3번 맛살 샐러드를 올리고 다른 빵 하나를 덮어 살포시 눌러준 후 먹기 좋게 썬다.

쏙 쏙 빼먹는 재미 떡꼬치

출출할 때 야식, 술안주로 먹기 좋은 간식 '떡꼬치'
바삭하고 쫄깃하게 구운 떡에 매콤한 '고추장 양념장'을 슥슥 발라드세요.

재료 준비하기(2인분)

떡국떡(먹을 만큼 준비), 오일(또는 식용유), 꼬치(또는 이쑤시개)

양념 만들기 고추장(2숟가락), 올리고당(2숟가락, 없으면 물엿), 마요네즈(1숟가락), 깨소금(1숟가락)

01 양념 만들기 볼 안에 고추장(2), 올리고당(2), 마요네즈(1), 깨소금(1)을 넣고 섞어둔다.

02 냉장고에 오래 넣어둔 딱딱한 떡은 물에 담궈 불려둔다. 불린 떡은 물기를 제거한다.

03 기름 두른 팬 위에 떡을 올리고 타지 않게 앞뒤로 노릇하게 구워준다.

04 부분 부분 노르스름해지고, 말랑하게 구워졌을 때 불에서 내린다.

05 바삭하게 구운 떡은 꼬치에 꽂아 매콤, 부드러운 고추장 양념을 발라 먹는다.

밤에 먹는 떡볶이가 맛있다?! 당면떡볶이

밤늦게, 은밀하게 만들어 먹는 '떡볶이' 특히 밤에 먹는 떡볶이는 왜 더 맛있을까요?
오늘도 떡볶이 내일도 떡볶이, 떡볶이는 매일 먹어도 질리지 않아요.

01 떡은 미리 물에 불려둔다(냉동고에 오래둔 가래떡은 실온상태에 충분히 해동 한 후 사용하는 게 좋다. 그래야 떡이 덜 갈라진다).

02 양파, 양배추는 먹기 좋게 송송 썰어두고, 대파는 어슷썬다.

떡을 충분히 불리지 않은 경우라면 처음부터 떡을 넣고 조리한다.

03 당면은 미리 물에 담궈 불려둔다 (조리시간 단축).

04 냄비에 물(3컵)을 넣고 끓기 시작하면 떡을 넣는다. 고추장, 고춧가루, 다진 마늘, 물엿, 설탕, 매실액을 넣고 충분히 끓여준다.

당면이 들어가면 국물이 확 줄어들기 시작.

05 양배추, 양파를 넣고 함께 끓인다. 국물이 넉넉히 남아있을 때 물에 불려둔 당면을 넣는다.

06 대파를 넣고 당면이 충분히 익었을 때 불에서 내린다.

라면으로 간단히 해결하기 라면쫄면

새콤 매콤한 쫄면, '라면'을 활용해서 만들어 보셨나요?

면발의 식감 차이만 조금 있을 뿐이지 거의 쫄면과 흡사합니다.

집에 꽁꽁 감춰둔 라면 있으면 새콤 매콤 쫄면으로 만들어 보세요.

그 외 준비한채소 도 먹기 좋게 손질한다.

01 준비한 상추, 깻잎은 깨끗이 씻
어 당근, 양파와 함께 먹기 좋게 채를
썰어 준다. 오이는 돌려깎기해서 채
를 썬다.

02 끓고 있는 물에 라면 면발을 넣고
적당히 익었다 싶을 때 찬물에 재빨리
헹군 후 체에 올려 물기를 제거한다.

단맛이 싫은 분들은 설탕량을 조금 줄이세요.

03 양념장 만들기 볼 안에 고추장,
고춧가루, 식초, 설탕, 매실액, 다진
마늘, 참기름 넣고 섞어둔다.

04 그릇 안에 면발, 갖가지 채소를 올
려 양념장을 넣고 맛있게 비벼 먹는다.

알고갑시다!

라면 쫄면은 이런 날 만들어 먹어요!
인스턴트 식품 '라면'이 몸에 좋지 않다고요?
그렇다면, 라면을 끓는 물에 한 번 데치고 야채를 가득 올려 직접 만든 새콤한 양념장
에 비벼 홈 메이드 쫄면을 한 번 만들어보세요.
5분 안에 끓이는 인스턴트 라면과는 다른 정성과 건강함이 있어요.

바삭바삭! 커피한잔과함께~ 모카토스트

아침식사로도 좋을 간단 토스트. 커피 향이 은은하게 도는 고소한 모카토스트.
은은한 모카향이 입 안에 한 가득, 출출할 때 간식으로 드세요.

재료 준비하기(2인분)

식빵(5~6장), 무염버터(60g), 설탕(1숟
가락), 꿀(1숟가락), 소금(1/6티스푼), 인
스턴트 커피가루(1티스푼)+뜨거운 물(1
티스푼)

냉장된 버터를 바로 이용할 시에는 전자렌지에 살짝 돌린 후, 크림상태가 되도록 잘 풀어준다.

01 커피액 만들기 커피가루(1)+뜨거운 물(1) 넣고 커피가루가 잘 녹게 충분히 저어준다. 이렇게 만든 커피액은 잠시 한 쪽에 둔다.

02 실온상태에 꺼내둔 버터는 거품기를 이용해 잘 풀어준다. 버터에 설탕, 소금, 꿀을 넣고 골고루 푼 후 미리 녹여 두었던 커피액을 넣어 함께 섞어준다.

식빵 테두리는 정리 안하는 편이 낫다. 구워진 후 더 바삭해져 맛있다.

오븐 상태가 다 다르니 굽는 온도, 시간에는 구애받지 말자

03 식빵 위에 모카 버터를 골고루 발라준다.

04 식빵은 쿠키팬 위에 올려 예열된 오븐 170℃ 약 20분간 구워준다. 노릇하고 바삭하게 구워졌을 때 꺼낸다.

05 갓 구운 토스트는 만져보면 말랑하다. 식힘망 위에 올려 바삭해지도록 충분히 식힌다.

06 바삭해진 토스트는 먹기 좋게 잘라 먹는다.

나의 단골 간식 모카팬케이크

은은한 모카향이 솔솔 도는 모카팬케이크에요.
만들기도 간단, 먹기도 간단, 이리 봐도 저리 봐도
모자란 구석이 하나도 없는 '모카팬케이크' 랍니다.

재료 준비하기(3~4인분)

무염버터(25g), 계란(2개), 핫케이크가루
(1컵 반, 종이컵기준), 액상 요구르트 또
는 우유(4숟가락), 오일(또는 식용유), 인
스턴트 커피가루(2티스푼)+뜨거운 물(3
티스푼)

01 커피액 만들기 커피가루(2)+뜨
거운 물(3) 넣고 커피가루가 잘 녹게
충분히 저어준다. 이렇게 만든 커피
액은 잠시 한 쪽에 둔다.

02 버터는 전자렌지에 넣고 액체상
태로 녹여준다.

03 핫케이크가루는 시판용으로 준
비한다.

04 볼 안에 계란, 핫케이크가루, 요
구르트를 넣고 개어준다. 여기에 미
리 만들어둔 커피액, 녹인 버터를 넣
고 반죽이 부드러워질 때까지 저어준
다.

05 예열한 프라이팬에 기름을 조금
두르고 키친타올로 닦아 코팅한 후 반
죽을 적당히 부어 앞뒤로 구워준다.

알고갑시다!

팬케이크 예쁘게 굽는 방법
불은 제일 약불로 두고, 반죽을 한 국자 떠서 동그랗게 만든 후 굽는다.
굽다보면 반죽 위에 봉긋 봉긋 기포가 올라오기 시작하고 하나둘씩 작은 구멍이 생길
때 뒤집는다.
뒤집고 나선 짧게 굽고 얼른 불에서 내린다.
몇 장 굽다 보면 팬케이크 색이 진하고 테두리가 검게 된다.
잠시 불을 끄고 팬을 한 김 식힌 후 다시 굽기 시작한다.

육수, 생크림 필요없는 미숫가루감자수프

어느날 문득 감자 수프에 고소한 '미숫가루' 가 들어가면
고소한 맛이 두 배로 느껴지면서 뭔가 특별한 감자수프가 만들어지겠다 싶었어요.
기대 이상의 결과! 만들어보니 너무 고소하고 맛있는 거에요.

재료 준비하기(3~4인분)

감자(작은크기 4개, 약 350g), 양파(1/4개),
버터(1.5숟가락), 물(약 3컵, 종이컵기준), 우
유(200ml), 미숫가루(1.5숟가락), 파마산
치즈가루(조금), 소금(조금), 후추(조금)

구운 식빵 만들기 식빵(2장), 버터(조금),
파마산 치즈가루(조금)

예열된 오븐
170℃ 약
20~25분간
굽는다.

전자렌지에
데우는 이유는
조리시간을
단축하기 위해서이다.

01 구운 식빵 만들기 주사위 모양으로 썬 식빵은 버터칠한 오븐팬에 올려 파마산 치즈가루를 적당히 뿌린다.

02 감자는 껍질을 제거하고, 적당히 썬 후 전자렌지에 넣고 반쯤 익혀둔다. 양파는 채를 썰어 준비한다.

고소한맛을 특히
좋아한다면
미숫가루의 양을
더 늘린다.

03 냄비 안에 버터를 두르고 녹으면 채를 썬 양파를 넣고 투명해질 때까지 볶다가 감자를 넣고 함께 볶는다. 물(3컵)을 넣고 끓인다.

04 감자가 익으면 한 김 식힌 후 믹서기를 이용해 곱게 갈아준다. 미숫가루도 함께 넣고 갈아준다.

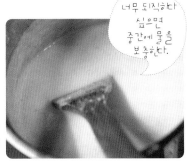

너무 되직하다
싶으면
중간에 물을
보충한다.

05 곱게 갈았으면 다시 냄비 안에 담는다. 우유를 붓고 다시 끓인다.

06 수프가 조금 걸죽해질 때까지 끓이고 마지막에 파마산 치즈가루, 소금, 후추를 넣고 간을 한다.

피로를 날려버리는 달콤함! 바나나오믈렛

쌉싸름한 아메리카노와 함께 먹으면 더욱 맛있는 '바나나오믈렛'
푹 익은 바나나가 보일 때! 근사한 '바나나오믈렛'으로 만들어 보세요.

재료 준비하기(3~4인분)

핫케이크가루(2컵, 종이컵기준), 우유
(1/2컵, 종이컵기준), 계란(1개), 버터
(10g), 바나나(3~4개), 시나몬가루(조
금), 오일(또는 식용유)

토핑 만들기 생크림(조금), 초코시럽
(조금)

01 핫케이크 만들기 볼 안에 우유와
계란을 넣고 저어준다.

02 시판용 핫케이크가루를 넣고 가
루가 보이지 않을 때까지 섞어준다.

프라이팬
코팅

03 예열한 프라이팬에 기름을 조금
두르고 다시 키친타올로 닦아 코팅
한다.

04 반죽을 한 국자 떠서 동그랗고
평평하게 펴 올린 후 약한불에서 굽
기 시작한다.

뒤집고 나면
굽는시간은
더 단축된다.

05 반죽의 윗면에 뽀글뽀글 기포가
올라오면 뒤집개를 이용해 얼른 뒤집
는다. 다 구운 핫케이크는 펼쳐놓고
한 김 식힌다.

06 시나몬 바나나 조림 만들기 버터
두른 팬에 바나나를 올리고 약불에서
굽다가 시나몬가루를 뿌리고 마저 굽
는다. 바나나가 갈색이 돌며 먹음직
스럽게 졸여지면 불에서 내린다.

07 핫케이크 위에 조린 바나나를 넉
넉히 올리고 다른 핫케이크를 덮어준
다. 초코시럽을 먹음직스럽게 뿌려주
고 휘핑한 생크림까지 얹어 맛있게 먹
는다.

카페에서 먹던 버터브레드 이젠 집에서

시나몬 버터 브레드는 뜨거울 때 먹어야 제 맛
입이 즐겁고, 눈이 즐거운 버터브레드! 이제는 집에서 즐겨요.

식빵 테두리는 제거할 필요 없다.

01 실온 상태에 둔 말랑해진 버터, 꿀, 소금을 넣고 잘 풀어준다.

02 두 개의 식빵 위에 슬라이스치즈를 올린다. 남은 식빵 하나는 치즈를 올리지 않는다.

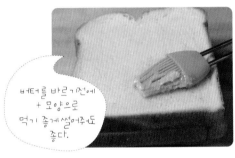

버터를 바르기전에 + 모양으로 먹기 좋게 썰어주도 좋다.

파슬리가루는 없으면생략 가능하다.

03 치즈를 사이사이에 낀 채 식빵을 높게 쌓는다. 식빵 위, 옆, 바닥면에 미리 만들어둔 2번 버터를 골고루 발라준다.

04 파슬리가루도 적당히 뿌려 오븐 팬에 올리고 예열된 오븐 180℃ 약 10~15분간 구워준다. 갓구운 버터 브레드는 기호에 따라 시나몬가루, 생크림을 올려 먹는다.

고소한 냄새가 물씬~
버터옥수수, 단호박구이

옥수수는 단백질, 당질, 섬유소, 무기질, 비타민 등의 성분을 가지고 있어 웰빙음식, 피부미용에 좋아요.

01 옥수수 껍질을 벗기고 수염부분 도 제거한다. 흐르는 물에 씻어두고 물기는 닦아준다.

02 단호박은 속 씨를 깨끗이 제거하 고 적당한 두께로 썰어둔다.

03 준비한 버터는 우선 반(20)만 사 용해 팬 안에 넣고 녹이기 시작한다. 버터가 녹으면 옥수수를 넣고 데굴 데굴 굴려 버터코팅을 한 후 불에서 내린다.

04 남은 버터(20)는 볼 안에 담고, 소금, 설탕, 꿀, 파슬리가루를 넣고 골고루 섞는다.

단호박은 옥수수보다 더 빨리 익으니 오븐에서 먼저 꺼낸다.

호일을 싸지 않고 굽게 되면 수분이 증발돼건조하고 퍽퍽해진다.

05 버터로 코팅해둔 옥수수는 4번 버터를 골고루 발라 호일로 잘 감싸 준다.

06 남은 버터는 단호박에도 발라 옥 수수와 함께 예열된 오븐 200℃에 약 35~50분간 구워준다.

핫케이크 스마일버거

주말 브런치로도 손색 없는 핫케이크 스마일 버거
웃는 얼굴에 침 못 뱉는다고 핫케이크 스마일 버거를 보고 있자면 기분이 좋아져요!
주말 오후 가족과 함께 만들어 보세요.

핫케이크 버거의 눈, 코, 입을 만들기 위해 필요한 코코아반죽은 생략해도 좋다.

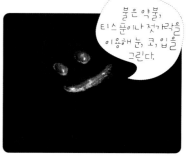

불은 약불, 티스푼이나 젓가락을 이용해 눈, 코, 입을 그린다.

01 핫케이크 만들기 시판용 핫케이크가루 준비하기. 핫케이크가루, 계란, 우유 넣고 골고루 섞는다. 핫케이크 반죽을 한 숟가락 떠서 코코아가루를 적당히 넣고 초콜릿 색 반죽을 만든다.

02 예열한 프라이팬에 기름을 조금 두르고 다시 키친타올로 닦아 코팅한다. 팬 위에 코코아 반죽을 이용해 눈, 코, 입을 그려준다.

약한불 유지

뒤집고 나서 굽는시간은 더 단축된다.

03 코코아 반죽이 반쯤 익어간다 싶을 때 핫케이크 반죽을 한 국자 떠서 올려준다. 동그랗고 평평하게 편 후 약한 불에서 굽기 시작한다.

04 반죽의 윗면에 뽀글뽀글 기포가 올라 오면 뒤집개를 이용해 얼른 뒤집는다.

05 샌드위치 만들기 핫케이크 위에 마요네즈를 바르고 햄, 치즈, 양상추를 넉넉히 올린다.

06 슬라이스한 토마토를 올린다. 햄, 치즈는 한 장씩 더 올려도 좋다.

07 케첩을 조금 뿌리고 핫케이크를 한 조각 올려 덮어준다.

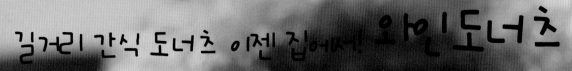

길거리 간식 도너츠 이젠 집에서! 와인 도너츠

길거리에서 파는 꽈배기나 도너츠를 보면 고소한 기름 냄새에 군침이 돌아요.
노릇하게 튀긴 도너츠, 설탕에 굴린 다음 따끈할 때 먹는 그 기쁨. 하지만
그러나, 먹고나면 칼로리의 압박으로 후회하게 만드는 ...
좀 더 건강하고 깔끔하게 집에서 직접 만들어 보아요.

버터는 1~2시간 전에 미리 실온에 꺼내 두세요.

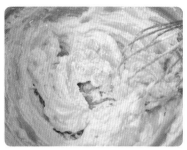

01 큰 볼 안에 말랑해진 버터를 담아 거품기를 이용해 열심히 풀어준다. 설탕, 소금을 넣고 다시 풀어준다.

02 설탕의 서걱거림이 조금 남아있을 때 계란을 넣고 섞어준다. 계란이 풀리도록 열심히 젓다가, 레몬즙을 넣고 골고루 다시 저어준다.

반죽이 질면 박력분 추가.

냉장휴지는 30분간 한다.

03 미리 체친 박력분과 베이킹파우더, 와인(없으면 물)을 넣고 질기를 맞추며 한 덩어리가 되도록 반죽한다.

04 한 덩어리가 된 반죽은 비닐이나 랩에 싸서 밀봉을 확실히 한 후 냉장보관한다.

컵을 이용해 큰 원을 찍고 가운데부분은 병뚜껑을 이용해 작은 구멍을 만들 수 있다.

여러번 뒤집으면 기름을 많이 먹게되므로, 1~2번씩만 뒤집어준다.

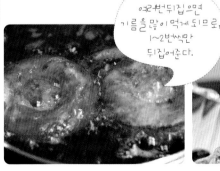

05 냉장휴지가 끝난 반죽은 덧밀가루 뿌린 바닥에 올려 밀대를 이용해 1.5cm 두께로 밀어준 후 도너츠 커터로 힘있게 찍어준다.

06 깊은 팬에 기름을 반쯤 붓고 뜨겁게 데워준 후(160~170℃), 도넛 반죽을 넣어 노릇하게 튀겨준다.

07 튀긴 도넛은 키친타올 위에 올려 한 김 식힌 후, 따뜻할 때 설탕에 굴려 먹는다.

맥주 안주로 그만! 웨지감자, 고구마

맥주 안주로도 사랑 받는 웨지 감자, 고구마
출출할때 간단하게 만들어 먹기 좋은 간식!
칠리 소스나 마요네즈와 함께 곁들여 먹어도 좋아요.

01 감자와 고구마는 껍질째 사용할 거니 깨끗하게 잘 씻은 후 사진과 같이 조금 두툼하게 썰어준다.

02 감자, 고구마는 올리브오일, 건 로즈마리, 파슬리가루, 소금, 후추를 넣고 버무린다.

오븐 상태까다 다르니 굽는 온도·시간에는 구애받지말자.

03 유산지나 호일을 깐 오븐팬에 겹치지 않고 펼쳐서 예열된 오븐 200℃에서 약 25분간 굽다가, 뒤집어서 약 10~15분간 더 굽는다.

알고갑시다!

손이 많이 안가고 만들기 쉬운 맥주 안주는 '웨지 감자, 고구마' 죠.
감자, 고구마 중 갖고 있는 재료로 만들어 보세요.

입 크게 벌려 먹자!
데리야끼치킨샌드위치

감칠맛 나는 치킨샌드위치! 주말 브런치, 피크닉 음식으로 좋은
어른, 아이 모두 좋아하는 데리야끼치킨샌드위치

01 준비한 닭은 기름, 힘줄 부분을 떼어 손질한 후, 칼집을 내어 우유에 재워둔다(잡내제거).

02 잡내 제거한 닭고기에 소금과 후추, 청주, 간장, 설탕, 다진 마늘, 물엿, 맛술을 함께 넣고 약 20분간 재워둔다.

03 양념이 밴 닭고기는 팬 위에 올려 노릇하게 구워주자.

04 식빵은 마른 팬 위에 올려 앞뒤로 노릇노릇하게 구워준다. 구운 빵은 겹쳐두지 말고 펼쳐서 세워두자.

양파가 조금 누래질 때까지 구워준다.

05 토마토는 두께 1cm로 썰어둔다. 양파는 채를 썰어 마른 팬 위에 올려 바싹 구워준다.

06 빵 한쪽에 마요네즈를 넉넉히 발라준다. 그 위에 치즈, 닭고기를 넉넉히 올린다.

07 상추 위에는 토마토를 올리고 다시 치즈를 올려 마무리 한다. 치즈 위에는 잘 구워둔 양파를 넉넉히 올려준다. 이제 빵을 덮어주면 끝이다.

08 속재료가 고정이 잘 되도록 살짝 눌러준 후 먹기 좋게 썬다.

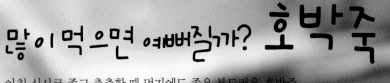

많이 먹으면 예뻐질까? 호박죽

아침 식사로 좋고 출출할 때 먹기에도 좋은 부드러운 호박죽.
호박은 미네랄과 비타민C가 풍부해 미용에 좋아요.
몸에 좋은 호박, 못생겼다고 놀리면 큰코다쳐요!

재료 준비하기(2인분)

늙은 호박(약 800g, 단호박도 가능), 물
(약 200~300㎖), 찹쌀가루(4숟가락)+
물(10숟가락), 꿀(조금), 소금(조금), 강낭
콩(한 줌, 없으면 생략)

01 껍질째 사용할 늙은 호박은 흐르는 물에 깨끗이 씻고, 배모양으로 썰어준 후 씨는 제거해주고 너덜거리는 부분도 대충 정리한다.

02 필러(껍질 벗기는 도구)를 이용해 껍질을 제거하고 흐르는 물에 다시 한번 씻은 후 얄팍하게 썬다.

물은
호박이잠길
정도 까지만

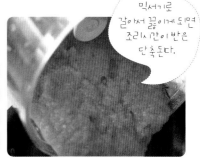

믹서기로
갈아서 끓이게 되면
조리시간이 반은
단축된다.

03 썬 호박은 팬 안에 담고, 호박이 잠길만큼 물을 붓고 뚜껑 닫고 뭉글하게 끓이기 시작.

04 호박이 익었을때 불을 끄고 호박만 건져 한 김 식힌 후 믹서기 안에 넣고 곱게 갈아준다.

호박죽을
좀 진득하고 걸죽하게
먹고싶으면, 찹쌀가루를
늘린다.

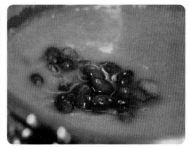

05 곱게 간 호박은 다시 팬에 담고 물(200~300)을 담아 찹쌀가루(4)는 물(10)에 개어 잘 풀어 준 후, 함께 넣고 중간 불에서 끓이기 시작한다.

06 끓는 물에 미리 익혀둔 강낭콩도 이때 넣어보자. 바닥에 눌러붙지 않게 중간 중간 저어주며 약불에서 충분히 끓이다 꿀, 소금으로 간을 맞춘다.

후라이드 반, 양념 반 홈메이드 치킨

배달음식으로만 먹던 치킨, 이젠 집에서!
가족을 위해 맛있는 홈메이드 치킨 만들어 보세요.
양념 반, 후라이드 반 골라 먹는 재미가 있어요.

01 토막내서 정리한 닭은 흐르는 물에 씻은 후 찬물에 담가 핏물을 제거하고 청주, 소금, 후추 넣고 약 20분간 재워둔다.

02 튀김 옷 만들기 볼 안에 계란 흰자, 전분가루를 넣고 잘 섞는다. 기름(튀김용)은 팬에 붓고 미리 예열한다.

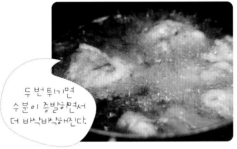

두 번 튀기면 수분이 증발하면서 더 바삭바삭해진다.

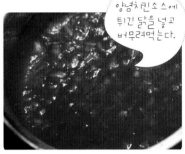

양념치킨소스에 튀긴 닭을 넣고 버무려먹는다.

03 밑간 한 닭은 튀김옷 반죽을 묻히고 기름에 넣어 튀긴다(2번 튀긴다). 닭이 충분히 익고 노릇하게 튀겨졌으면 건져서 키친타올 위에 올린다.

04 양념 치킨소스 만들기 양파, 마늘은 곱게 다져서 기름을 두른 팬에 넣고 볶다가 양념 재료(고추장, 고춧가루, 케첩, 물엿, 설탕, 간장, 물)를 넣고 걸쭉하게 끓여 주기만 하면 완성!

Part 05

봉식이의 다섯 번째 컬러요리

베이킹

웬만한 베이커리 부럽지 않은, 홈메이드 베이킹 레시피를 모두 모았어요.

어려운 듯 하지만 시작해 보면 어렵지 않아요.

봉식이가 자신 있게 소개할게요. 세상에서 제일 쉬운 베이킹 레시피!

건강함을 담은~ NO 버터! 깨 쿠키

버터가 빠진 자리를 건강한 오일이 매꿔주고 검은깨와 참깨가 아낌없이 들어가주니

깨 쿠키 '웰빙 쿠키'라고 칭해도 좋을 거에요.

01 큰 볼에 오일, 설탕, 소금을 넣고 거품기로 잘 저어준다. 계란 노른자도 풀어주고 레몬즙도 넣어 마저 섞는다.

02 미리 체친 박력분과 베이킹파우더를 넣고 주걱으로 십자가를 그으며 반죽을 저어준다. 가루가 보이지 않을 때쯤 연유를 넣는다.

반죽이 퍼석하고 된상태라면 연유나 우유로 반죽 질기를 맞춘다.

03 참깨, 검은깨도 넣어 마저 섞는다.

04 반죽이 한 덩어리가 되도록 만든다.

05 반죽을 적당하게 떼서 동글 동글하게 빚은 후, 쿠키 팬 위에 간격을 띄워 올린다. 반죽 가운데 부분은 조금 오목해지도록 손가락으로 지그시 눌러준다.

06 예열된 오븐 170℃ 약 20~25분간 구워준다.

풍부한 비타민~ 튼튼한 감머핀

다른 과실에 비해 감은 비타민A ,비타민C 등의 함량이 높아요.
뿐만 아니라 현대인의 육식으로 편중된 식단, 안 좋은 식습관으로 발생되는 부작용 질환의
예방원이 될 수 있는 '섬유소'의 함량도 높은 편이구요.
몸에 좋은 단감은 그냥 먹어도 맛있지만 가끔은 감 머핀으로 활용해서 만들어 보세요.

시나몬가루는
과하게 뿌리면 단감
고유의 맛이 떨어지므로
조금만 넣는다.

01 단감조림 만들기 단감은 껍질을 제거하고 작은 크기로 썰어준 후 팬에 단감, 올리고당(2), 설탕(2)을 넣고 불 위에 올려 졸이기 시작한다.

02 어느정도 졸여졌을 때 시나몬가루를 조금 넣고 단감이 물컹해지도록 졸여준 후 불에서 내린다.

03 액체상태로 녹인 버터와 계란을 넣고 거품기로 저어준다. 계란이 풀렸으면 설탕, 소금을 넣고 잘 섞어준다.

04 체친 중력분, 베이킹파우더를 넣고 주걱으로 섞어준다.

유산지 높이의
약 80% 까지만
차게 담는다.
(나중에 부풀기
때문에)

05 액상 요구르트를 넣고 가루류가 보이지 않을 때까지 잘 저어준다.

06 처음에 만들어 놓았던 단감조림을 함께 넣고 골고루 섞는다.

07 유산지 꽂은 머핀 팬에 짤주머니나 수저를 이용해 반죽을 담는다(틀의 70~80% 차게 담는다). 예열된 오븐 180℃ 약 35분간 구워준다.

길거리 간식 최강자! 계란빵

피크닉 갈 때 맛있게 구운 계란빵과 시원한 사이다 한 병 준비하는 센스
길거리음식 '계란빵' 만큼 맛있습니다.
너무 오래 구우면 계란흰자 표면이 너무 딱딱해질 수 있으므로, 적당히 익었을 때 오븐에서 꺼내세요.

재료 준비하기(2인분)

핫케이크가루(4컵, 종이컵기준), 우유(1
컵), 계란(약 6~7개)

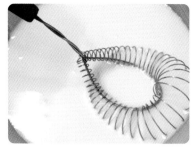 

01 큰 볼안에 우유, 계란 1개를 넣고 골고루 섞어준다.

02 핫케이크가루를 넣고, 가루가 보이지 않을만큼 잘 섞어준다.

계란을 넣을꺼니
반죽은 틀의
약 60%만채운다.

계란은
틀 높이의약
80~90%까지
채워준다.

03 유산지 꽂은 머핀팬에 짤주머니나 수저를 이용해 반죽을 반 정도만 담는다.

04 반죽 위에 계란을 한 개씩 깨서 올려준다. 계란을 가득 채워 담으면 넘치므로 흰자는 다 담지 않는다. 예열된 오븐 180℃ 약 20~25분간 구워준다.

알고갑시다!

익었나 안 익었나 확인하는 방법은?
이쑤시개를 이용해 반죽 깊숙히 넣어 묻어나지 않으면 다 익은 상태입니다.

바삭바삭 입에서 녹는 고구마파이

파이는 바삭바삭한 결이 생명이에요. 반죽할 때 차가운버터를 넣고 차갑게 반죽하는 것 잊지마세요.
파이는 여러번 접을수록 파이의 결이 바삭하고 먹음직스럽게 나온답니다.
파이지 자체에 단맛이 적으므로 달콤한걸 좋아하시는 분들은 반죽 위에 설탕을 넉넉히 뿌려주세요.

재료 준비하기(2인분)

고구마(1개, 중간크기), 설탕(조금)

파이 반죽 만들기 박력분(170g), 무염
버터(100g), 설탕(2숟가락), 소금(1/6티
스푼), 계란(1개)

01 큰 볼에 박력분을 체쳐 넣고 주 사위 모양으로 자른 차가운 버터를 올려준다.

02 스크래퍼(또는 포크)로 버터를 조각조각 내어 주변 가루와 부슬부슬 섞으며 반죽한다.

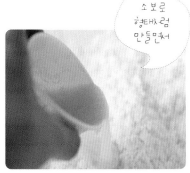

소보로 형태처럼 만들면서

03 작은 볼에 계란, 설탕(2), 소금 (1/6)을 넣고 잘 풀어준다. 섞은 계란 은 2번 반죽에 나눠 넣어준다.

04 반죽을 대충 한 덩어리로 만들어 비닐 또는 랩에 감싼 후 냉장고에 약 1시간 동안 넣어둔다.

05 고구마는 잘 씻은 후 두께가 약 1cm가 되도록 껍질째 썰어둔다. 썬 고구마는 찬물에 잠시 담궈둔다.

3절 접기는 사진과같이 3번접고 밀고를 반복한다.

고구마 위에 검은 깨를 조금씩 올리면 보기 더 좋다.

06 냉장휴지가 끝난 반죽은 밀대로 밀어준다. 반죽은 3절 접기하며 이 동작을 5회 정도 반복한다. 반죽은 다시 비닐 안에 담아 냉장고에 약 1 시간 동안 넣어둔다.

07 휴지를 마친 반죽은 0.3~0.4cm 두께로 밀고 반죽을 직사각형 모양으 로 잘라서 오븐 팬에 올려준다. 반죽 위에는 포크로 구멍을 찍어준다.

08 반죽 위에 설탕을 적당히 뿌리 고, 물기 제거한 고구마를 올리고 다 시 설탕을 뿌려 예열된 오븐 190℃에 약 20~25분간 구워준다.

너무 쉬워 자주 만들게 되는 과일컵케이크

시판용 카스테라로 만드는 간단한 '과일 컵케이크'
만드는 과정이 쉽고 간단해서 스피드하게 만들 수 있는 디저트에요.
컵을 들고 떠먹는 재미가 있어서 아이들도 너무 좋아해요.

재료 준비하기

카스테라(1개, 시판용), 생크림(100g),
설탕(10g), 과일(딸기, 오렌지 등 갖고
있는 과일로 활용), 카라멜 시럽(조금)

디저트 컵이 없으면 유리컵 머그컵으로 활용가능

01 카스테라는 봉지 안에 담아 가루
가 되도록 손으로 대충 부셔준다. 과
일은 잘 씻은 후 물기를 제거하고 작
게 썬다. 생크림은 설탕을 넣고 휘핑
한다(70~80%).

02 디저트 컵 안에 제일 먼저 카스
테라를 담고 카라멜 시럽을 바른 후
과일을 올리고, 생크림을 적당히 올
린다.

재료를 담는
순서는 기호대로

03 크림 위에 다시 카스테라를 올린
다. 또다시 시럽, 과일, 생크림을 올
려 마무리 한다.

알고 갑시다!

과일 컵케이크는 만들기 너무 간단해요.
케이크 시트를 굳이 만들지 않아도 시판 '카스테라'를 이용해 만들 수 있거든요.
과일은 시원하고 말랑말랑한 차가운 과일을 넣는 게 맛있어요.
제철과일을 넣고 활용해 보세요.

바나나는 구우면 더 맛있다!?
녹차바나나쿠키

얼린 바나나도 맛있지만 구운 바나나는 더욱 달콤한거 아시죠?
바나나는 그냥 먹어도 맛있지만 베이킹으로 활용하기에도 참 좋은 재료에요.
'녹차 바나나 쿠키' 녹차가 들어가 담백 깔끔하고 바나나가 콕 박혀서 달콤하기까지 하니
입안을 행복하게 만드는 사랑스런 쿠키에요.

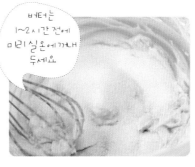

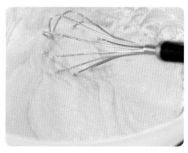

버터는 1~2시간 전에 미리 실온에 꺼내 두세요.

01 큰 볼에 말랑해진 버터를 담아 거품기로 저어준다. 설탕, 소금을 넣고 설탕의 서걱거림이 조금 사라질 때까지 풀어준다.

02 이어 계란을 나눠 넣어준다. 계란이 풀리도록 열심히 젓다가, 레몬즙을 넣고 마저 섞는다.

바나나는 갈변하기 때문에 반죽 위에 올리기 직전 썰어준다.

03 미리 체친 박력분, 녹차가루를 넣는다. 주걱을 이용해 십자가를 그으며 가루가 안 보일 때까지 섞어준다.

04 호일 또는 유산지 깐 쿠키 팬 위에 반죽을 수저로 퍼서 올려준다. 바나나는 약 0.5cm 두께로 썰어준다.

쿠키가 두툼한 편이니 조금 오랫동안 바삭하게 굽는다.

05 바나나는 쿠키 반죽 가운데 올려 꾹 눌러준다. 예열된 오븐 180℃ 약 20~23분간 구워준다.

입에서 살살 녹는 단호박파운드케이크

너무 부드럽고 촉촉해요.
중간중간 씹히는 단호박이 별미에요.
단호박 케이크라 어른들께 선물하기에도 참 좋아요.

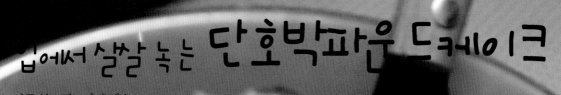

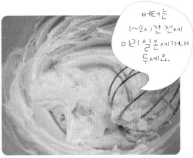

버터는
1~2시간 전에
미리 실온에꺼내
두세요.

01 단호박은 껍질 제거 후 작게 썬
다. 썬 단호박은 그릇 안에 담아 랩으
로 덮은 후 전자렌지에 넣고 약 4분
간 익혀준다.

02 큰 볼에 말랑해진 버터를 담아
거품기로 저어준다. 설탕, 소금을 넣
고 설탕의 서걱거림이 조금 사라질때
까지 풀어준다.

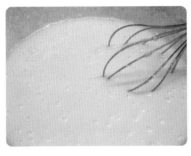

03 계란 2개 나눠 넣어준다. 계란이
풀리도록 열심히 젓다가, 레몬즙을
넣고 마저 섞는다.

04 미리 체친 박력분과 베이킹파우
더를 넣어 함께 섞는다. 익혀둔 단호
박도 함께 넣어준다.

반죽은
굽는동안 부풀기 때문
에 틀의 70~80%
차게 담는다.

05 반죽이 곱게 섞였으면 틀 안에
반죽을 담는다. 예열된 오븐 180℃
약 35~40분간 구워준다.

꿀꿀~ 귀여운 돼지쿠키

커피향이 강하게 나는 게 아니라 아주 슬쩍 은근하게 나요.
커피를 못 먹는 어린 아이들도 부담없이 잘 먹을 수 있는 달지 않은 돼지쿠키랍니다.

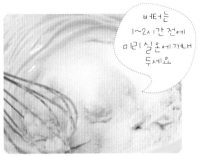

버터는 1~2시간 전에 미리 실온에꺼내 두세요

01 커피액 만들기 커피가루(2)+뜨거운 물(3) 넣고 커피가루가 잘 녹도록 충분히 저어준다. 이렇게 만든 커피액은 잠시 한 쪽에 둔다.

02 큰 볼에 말랑해진 버터를 담아 거품기로 저어준다. 설탕, 소금을 넣고 설탕의 서걱거림이 조금 사라질때까지 풀어준다.

설탕이어느정도 부드럽게 풀리고 계란과 하나가되도록 충분히 저어주어야 한다.

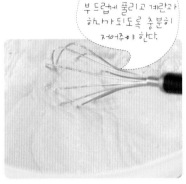

03 이어 계란을 넣어준다. 계란이 풀리도록 열심히 젓다가, 레몬즙 넣고 마저 섞어준다.

04 만들어둔 커피액을 반죽 속에 넣고 잘 섞은 후 체친 박력분과 미숫가루를 넣고 주걱들고 잘 섞는다.

05 주걱을 이용해 십자가를 그으며 반죽이 한 덩어리가 되게 만든다.

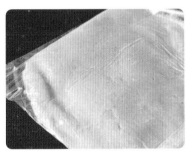

06 반죽은 비닐이나 랩에 싸서 확실히 밀봉 한 후 30분 동안 냉장보관한다.

07 냉장휴지를 마친 반죽은 덧밀가루 뿌린 바닥에 올려 밀대로 밀어준다(두께 약 0.3cm).

08 모양틀(쿠키커터)로 찍은 반죽은 호일 또는 유산지를 깐 쿠키 팬 위에 간격을 띄어 올린다. 예열된 오븐 170℃ 약 15분간 구워준다.

새초롬하게 유혹하는 딸기타르트

새초롬한 새색시 같은 '딸기 타르트', 카페 분위기를 내고 싶고 새초롬해지고 싶은 오늘
분위기 있는 '딸기 타르트' 어떠세요?

버터는 1~2시간 전에 미리 실온에꺼내 두세요.

01 타르트지 만들기 큰 볼에 말랑해진 버터(70)를 담아 거품기로 풀어주고 설탕(50), 소금 넣고 섞은 후, 계란(1개)을 넣고 섞다가 바닐라 오일 넣고 다시 풀어준다.

02 미리 체친 박력분(180)과 아몬드가루(10)를 넣고 주걱을 이용해 십자가를 그으며 반죽이 한 덩어리가 되도록 만든다.

아몬드 크림은 타르트지에 담아 180℃ 약 25분간 굽는다.

03 반죽은 비닐이나 랩에 싸서 약 1시간 정도 냉장보관한다. 휴지가 끝난 반죽은 유산지나 비닐을 깐 바닥에 올려 밀대로 밀어준다(두께 약 0.3cm).

04 준비한 타르트팬(또는 일회용 은박지 접시) 바닥보다는 조금 크게 밀어 팬 위에 조심히 올린다. 포크로 바닥에 구멍을 내준다.

05 아몬드 크림 만들기 버터, 설탕, 올리고당을 넣고 풀은 후 계란, 레몬즙을 넣는다. 이어 아몬드가루, 박력분을 넣고 섞는다.

공기에 닿지 않도록 랩으로 덮어 보관

06 커스터드 크림 만들기 팬 안에 우유, 바닐라빈 또는 바닐라오일을 함께 넣고 부글부글 끓으면 불에서 내린다. 다른 볼에 계란 노른자, 설탕, 체친 박력분을 넣고 섞어둔다.

07 계란 반죽에 체에 거른 우유를 넣고 섞는다. 계란이 익지 않도록 재빨리 섞고, 다시 팬 안에 부어 약한 불에서 저어가며 끓인다.

08 다 구워진 타르트는 한 김 식힌 후 커스터드 크림을 올리고 딸기를 먹음직스럽게 올려준다.

정성을 담아 선물하기 딸기 쇼트케이크

사랑하는 사람에게 손수 구운 케이크를 선물하는 일 참~ 의미있는 일이잖아요.
내 손으로 직접 만든 핸드 메이드 케이크는 세상에 하나뿐인 케이크기에 더욱 소중하고 특별해요.

계란 거품을 올릴 때는 바닥에 따뜻한 물을 놓고 중탕으로 올린다.

녹인 버터를 바로 섞게되면 거품이 꺼진다.

01 제누와즈 만들기 큰 볼에 계란, 설탕을 넣고 핸드믹서기로 거품을 풍성하게 올린다(바닐라 오일 넣기). 체친 박력분, 전분을 넣고 거품이 꺼지지 않게 섞는다.

02 중탕으로 녹인 우유, 버터는 바로 섞지말고 1번 반죽을 한 주걱 떠서 미리 섞은 후 전체 반죽에 조심히 흘려넣고 재빠르게 섞는다.

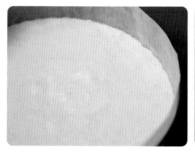

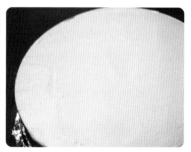

휘핑은 80~90% 정도만 올린다.

03 유산지 깐 틀에 반죽을 붓고 탕탕 내리친 후(기포 제거) 예열된 오븐 170℃ 약 20분간 굽는다. 딸기 시럽 만들기 팬에 설탕, 물, 딸기를 넣고 바글바글 끓인 후, 불에서 내린다.

04 오븐에서 다 구워진 케이크 시트는 틀에서 꺼내 충분히 식히고 반으로 갈라준다. 무스링틀로 깔끔하게 도려낸다(남은 시트 1장은 지름 1~2cm작게 도려준다).

05 치즈 생크림 만들기 말랑한 크림치즈는 풀고 다른 볼에는 생크림, 설탕을 담고 휘핑한 후 크림치즈에 나누어 가며 섞는다.

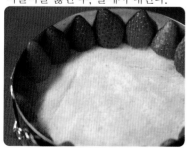

06 무스링틀은 바닥이 뚫려 있으니 호일로 바닥을 막고 케이크시트를 바닥에 깔고, 그 위에 반으로 자른 딸기를 세운다. 제누와즈 위에는 딸기 시럽을 바르고 치즈생크림을 올린다.

07 다시 크림 위에 딸기를 올려 꾹 눌러주고 다시 크림을 올려, 남은 시트 한 장을 올린다. 시트 위를 손바닥으로 살살 눌러 무스링틀 높이보다 조금 낮게 맞춰 본다.

08 시트 위에 다시 시럽, 크림을 올리고 스패튤러로 평평하게 정리한다. 냉장고에 잠시넣고 단단해지면 틀에서 분리한다.

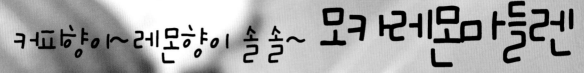

커피향이~레몬향이 솔 솔~ 모카레몬마들렌

커피와 레몬이 조화롭게 어울리는 '모카레몬마들렌' 이에요.
마들렌은 선물하기에도 좋아요.
만드는 과정이 어렵지 않고 우선 보기가 좋거든요.
시간을 조금만 투자해서 예쁜 조개 모양의 마들렌 만들어 보세요.

껍질의
흰부분은 쓴 맛 때
문에 사용하지
않는다.

01 여러번 씻은 레몬은 끓는 물에
살짝 데쳐 다시 찬물에 담근 후 강판,
필러를 통해 껍질을 벗긴다.

02 커피액 만들기 커피가루(3)+뜨
거운 물(4) 넣고 커피가루가 잘 녹도
록 충분히 저어준다. 이렇게 만든 커
피액은 잠시 한 쪽에 둔다.

03 뜨겁게 끓여 녹인 버터는 잠시 식
혀둔다. 볼 안에 계란을 넣고 풀어준
후 설탕, 소금을 넣고 잘 섞어준다.

04 녹인 버터, 커피액을 함께 넣어
잘 섞어준다.

05 벗겨둔 레몬껍질을 반죽 속에 넣
고 고루 섞어준다.

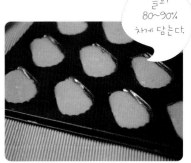

틀의
80~90%
차게 담는다.

06 체친 박력분, 베이킹파우더를
넣어 준다. 꿀도 넣고 함께 섞는다.

07 반죽이 곱게 섞였으면 랩으로 싸
서 냉장고에 약 1시간 동안 넣어둔다.

08 휴지가 끝난 반죽은 짤주머니 안
에 담는다. 버터칠 한 마들렌 틀에 반
죽을 담는다. 예열된 오븐 170℃ 약
15분간 구워준다.

자연스럽고 멋스럽게 모카 마블케이크

마블 꽃이 피었네! 마블 모카 파운드케이크
따뜻한 커피 한 잔 타서 은은한 마블파운드케이크와 함께 즐기세요!

버터는
1~2시간 전에
미리 실온에꺼내
두세요.

01 커피액 만들기 커피가루(4)+뜨
거운 물(5) 넣고 커피가루가 잘 녹도
록 충분히 저어준다. 이렇게 만든 커
피액은 잠시 한 쪽에 둔다.

02 큰 볼에 말랑해진 버터를 담아
거품기로 저어준다. 설탕, 소금을 넣
고 설탕의 서걱거림이 조금 사라질때
까지 풀어준다.

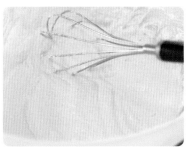

03 이어 계란 2개를 나눠 넣어준다.
계란이 풀리도록 열심히 젓다가 레몬
즙을 넣고 마저 섞는다.

04 미리 체친 박력분과 베이킹파우
더를 넣어 주걱 들고 가루가 보이지
않을 때까지 섞어준다.

가운데 부분이
푹 들어가도록
한다.

05 섞인 반죽의 약 160g을 덜어둔
다. 이 반죽 안에는 커피액, 코코아
가루를 넣고 잘 섞어준다.

06 색이 다른 두 가지 반죽을 번갈
아 가며 틀 안에 넣어 준다. 이쑤시개
나 젓가락을 반죽 속 깊이 넣어 자연
스럽게 마블이 생기도록 2~3번 직선
을 그린다.

07 반죽의 위를 매끄럽게 정리한다.
예열된 오븐 180℃ 약 35분간 구워
준다.

입에서 살살~ 녹는 모카치즈케이크

촉촉하고 부드러워 입에서 살살 녹는 모카치즈케이크예요.
은은한 모카향 부드러운 치즈 맛, 두 가지를 모두 느낄 수 있어요.

크림치즈는
1~2시간 전에
미리 실온에꺼내
두세요

01 커피액 만들기 커피가루(3)+뜨
거운 물(4) 넣고 커피가루가 잘 녹도
록 충분히 저어준다. 이렇게 만든 커
피액은 잠시 한 쪽에 둔다.

02 큰 볼에 말랑해진 크림치즈를 담
아 거품기로 저어준다. 설탕, 소금을
넣고 설탕의 서걱거림이 조금 사라질
때까지 풀어준다.

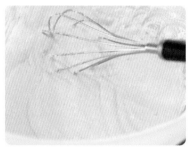

03 이어 계란 2개를 나눠 넣어준다.
계란이 풀리도록 열심히 젓다가 레몬
즙, 꿀, 카라멜 시럽을 넣고 마저 섞
는다.

04 커피액을 넣고 반죽에 섞이도록
잘 저어준다.

이쑤시개를 이용해
진하게 만든 커피액으로
무늬를 그려주는
좋다.

05 체친 박력분, 베이킹파우더를
넣는다. 가루가 보이지 않을 때까지
잘 저어준다.

06 마땅한 케이크틀이 없으면 일회
용 은박 용기로 사용해도 좋다. 틀 안
에 약 80% 까지만 반죽을 담는다.

07 예열된 오븐 170℃ 약 20~25분
간 구워준다.

우울한 날 달콤한 게 최고! 바나나머핀

바나나는 한번 굽고 나면 그 달콤함이 배로 옵니다.
구운 후 바나나에서 수분이 조금 나와요. 한 김 식힌 후 먹으면 촉촉해 더 맛있어요.

버터는 1~2시간 전에 미리 실온에꺼내 두세요

01 큰 볼에 말랑해진 버터를 담아 거품기로 저어준다. 설탕, 소금을 넣고 설탕의 서걱거림이 조금 사라질 때까지 풀어준다.

02 이어 계란 2개는 나눠 넣어준다. 계란이 풀리도록 열심히 젓다가 레몬즙을 넣고 마저 섞는다.

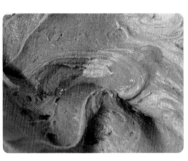

03 체친 박력분, 베이킹파우더, 코코아가루를 넣어 함께 섞는다. 꿀, 우유도 함께 넣고 반죽이 곱게 섞이도록 잘 저어준다.

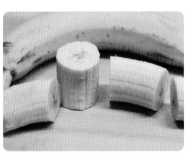

유산지 높이의 약 1/2 만큼 반죽을 담는다(바나나를 꽂기 위해서).

04 유산지 꽂은 머핀 팬 안에 짤주머니나 수저를 이용해 반죽을 담는다.

오븐바닥까지 닿도록 꾹 눌러준다.

05 바나나는 양쪽 끝부분을 평평하게 정리한 후 반죽에 깊숙히 꽂는다.

06 예열된 오븐 180℃ 약 30~35분간 구워준다.

바삭바삭하게 즐기는 바닐라아몬드쿠키

아몬드가루가 들어가면 고소한 맛이 2배!
입 안에서 뚝 퍼지는 바닐라향이 정말 좋아요.
오늘 티 타임 간식으로 준비하세요.

버터는
1~2시간 전에
미리 실온에꺼내
두세요.

01 큰 볼에 말랑해진 버터를 담아 거품기로 저어준다. 설탕, 소금을 넣고 설탕의 서걱거림이 조금 사라질 때까지 풀어준다.

02 이어 노른자를 넣고 섞어준다. 바닐라빈(반으로 갈라 씨를 긁어낸 것)을 넣고 잘 풀어준다.

손으로 빚을 때
너무 오래 주물럭 거리면
쿠키가바삭하기 보다는
단단하고 질겨진다.

03 체친 박력분과 베이킹파우더, 아몬드가루을 넣고 주걱을 이용해 십자가를 그으며 섞다가 다진 아몬드를 넣어 반죽이 한덩어리가 되도록 만든다.

04 반죽은 약 10g 정도 떼어내서 둥글게 빚은 후, 납작한 원형으로 만들어 쿠키 팬 위에 간격을 띄어 올린다. 예열된 오븐 180℃ 약 15~20분간 구워준다.

두 가지 맛을 한꺼번에?
바닐라맛, 커피맛쿠키

커피맛과 바닐라맛이 반반 나는 쿠키에요. 실용적인 쿠키라고 말하고 싶어요.
동시에 두 가지 맛을 즐길 수 있으니까요.

재료 준비하기

무염버터(120g), 박력분(300g), 베이킹파우더(1티스푼), 계란 노른자(2개), 설탕(120g), 소금(1/6티스푼), 레몬즙(2티스푼), 인스턴트 커피가루(4티스푼)+뜨거운 물(5티스푼)

버터는 1~2시간 전에 미리 실온에 꺼내 두세요.

01 커피액 만들기 커피가루(4)+뜨거운 물(5) 넣고 커피가루가 잘 녹도록 충분히 저어준다. 이렇게 만든 커피액은 잠시 한 쪽에 둔다.

02 큰 볼에 말랑해진 버터를 담아 거품기로 저어준다. 설탕, 소금을 넣고 설탕의 서걱거림이 조금 사라질 때까지 풀어준다.

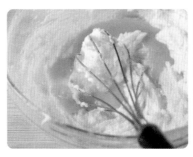

03 이어 계란 노른자를 넣고 섞어준다. 계란이 풀렸으면 레몬즙을 넣고 골고루 마저 섞는다.

04 체친 박력분과 베이킹파우더를 넣고 주걱으로 잘 섞는다.

05 십자가를 그으며 반죽이 한 덩어리가 되도록 만든다.

06 이렇게 만든 반죽은 정확히 반반 나눠 볼 안에 담는다. 한쪽 반죽에는 미리 만들어둔 커피액을 넣어 색이 변하도록 반죽한다.

07 커피색, 아이보리색 반죽이 준비되면 반반씩 떼서 쿠키 팬 위에 올려 예열된 오븐 170~180℃ 약 25분간 구워준다.

달지 않고 진한 홈메이드 브라우니

브라우니는 바로 먹어도 좋지만 밀봉 한 후, 하루 이틀 후에 먹으면 더 맛있어요.
그리 달지 않은 브라우니. 찐 듯한 식감의 진한 ~~~~ 초콜릿의 풍미를 느낄 수 있어요.
밖에서 사먹는 브라우니 보다는 ~~~~ 많이 달지 않아서 참 맛있었어요.

초콜릿은 높은 온도에서 너무 오래 두면 덩어리 질 수 있으니 주의한다!

01 준비한 다크 커버춰 초콜릿은 잘
게 썰어준다(단추모양 커버춰 초콜릿
은 썰지않고 그냥 넣는다).

02 다크 초콜릿과 버터는 볼에 담고
중탕해서 녹인다.

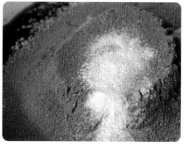

03 다른 볼에 계란과 설탕, 소금을
넣고 설탕이 녹을 정도까지만 저어준
다. 중탕해 녹인 초콜릿 반죽에 이 계
란물을 조금씩 흘려가며 잘 섞어본
다. 반죽이 곱게 풀렸으면 레몬즙을
넣는다.

04 미리 체친 박력분과 코코아가루,
베이킹파우더를 넣어 함께 섞는다.

굽는 도중 탈 것같으면 호일을 덮은 채 굽는다.

05 가루류가 보이지 않을 때 올리고
당을 넣고 고루 섞는다.

06 케이크 사각틀 또는 원형틀 안에
반죽을 담고 윗면을 평평하게 정리한
후, 예열된 오븐 180℃ 25~30분간
굽는다.

우리집 단골 베이킹 사과타르트

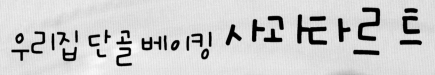

따뜻한 커피 한 잔과 사과 타르트 한 조각이면 하루 피로가 휘리릭~사라질 것만 같아요.
사과나 다른 과일을 이용해 먹음직스러운 '과일 타르트'를 만들어보세요.
커피나 홍차와 함께 즐기기 좋은 티 타임 간식입니다.

버터는
1~2시간 전에
미리 실온에꺼내
두세요.

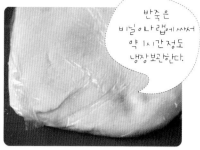

반죽은
비닐이나랩에싸서
약 1시간정도
냉장보관한다.

01 타르트지 만들기 큰 볼에 말랑해
진 버터(70)를 담아 거품기로 풀어 설
탕(50), 소금을 넣고 섞는다. 계란(1개)
을 레몬즙(2)에 넣고 다시 풀어준다.

02 체친 박력분(180)과 아몬드가루
(10)를 넣고 주걱으로 박력 있게 끊어
서 반죽해 한 덩어리가 되도록 한다.

03 냉장휴지가 끝난 반죽은 유산지
나 비닐을 깐 바닥에 올려 밀대로 밀
어준다(두께 약 0.3cm).

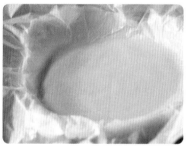

04 준비한 타르트팬 바닥보다는 조
금 크게 밀어준 후 팬 위에 조심히 올
린다.

05 바닥과 옆면에 반죽이 뜰 수 있
으니 손가락을 이용해 눌러주고, 포
크로 바닥에 구멍을 낸 후 예열된 오
븐 180℃ 10~15분간 굽는다.

06 아몬드 필링 만들기 볼에 말랑해
진 버터(50), 설탕(40)을 넣고 풀다가
계란(1), 레몬즙(2)을 넣고 잘 풀어준
다. 이어 아몬드가루(70), 박력분(10),
올리고당(1)을 넣고 잘 섞어준다.

07 사과는 껍질째 이용하므로 깨끗
이 씻어 얄팍하게 썰어준다.

08 구운 타르트지 위에 아몬드 필
링을 담고 사과를 삥 둘러 올린다. 사
과 위에 설탕을 뿌린 후, 예열된 오븐
180℃ 20~25분간 굽는다.

한 끼 식사 해결되는
선식 옥수수 파운드케이크

중간에 톡톡 터지며 씹히는 옥수수의 식감은 먹는 재미가 있어요.
선식가루 냉장고에 넣어 방치 시켜두신 분들 얼른 활용해 보세요.
그냥 타먹는 선식과는 다른 구수한 매력이 있답니다.

재료 준비하기

무염버터(100g), 박력분(200g), 베이킹
파우더(1티스푼), 설탕(150g), 소금(1/6
티스푼), 계란(2개), 레몬즙(1티스푼), 꿀
(2숟가락), 선식가루(3숟가락), 통조림
옥수수(100g), 옥수수 물(100ml)

버터는
1~2시간 전에
미리 실온에꺼내
두세요

01 통조림용 옥수수는 체에 걸러 물
과 옥수수를 따로 분리한다.

02 큰 볼에 말랑해진 버터를 담아
거품기로 저어준다. 설탕, 소금을 넣
고 설탕의 서걱거림이 조금 사라질
때까지 풀어준다.

03 이어 계란 2개 나눠 넣어준다.
계란이 풀리도록 열심히 젓다가 레몬
즙을 넣고 마저 섞는다.

04 미리 체친 박력분과 베이킹파우
더, 선식가루를 넣어 함께 섞는다.

05 옥수수와 옥수수 물, 꿀을 넣고
잘 섞는다.

06 반죽이 곱게 섞여졌으면 틀 안에
반죽을 담는다. 예열된 오븐 180℃
약 40분간 구워준다.

이보다 부드러울 수 없다! 수제치즈케이크

진한 치즈맛 수제 치즈케이크 ! 사먹는 것과는 다른 진한 맛이 있어요.
탱탱하고 쫀득하며 부드러운 입에서 살살 녹는 치즈케이크.
한번 드셔 보시겠어요?

크림치즈, 버터는 1~2시간 전에 미리 실온에 꺼내 두세요.

01 큰 볼에 말랑해진 크림치즈를 담아 거품기로 풀어주고, 말랑해진 버터도 함께 넣고 풀어준다.

02 플레인 요구르트를 넣고 섞다가 설탕, 꿀을 넣고 잘 풀어준다.

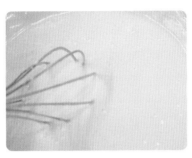

바닥에 탕탕 내리치며 중간 기포를 제거한다.

03 설탕의 서걱거림이 사라졌으면 계란을 한 개씩 나눠 넣는다. 레몬즙, 생크림도 함께 넣고 곱게 섞는다. 체친 박력분, 전분가루를 넣고 주걱으로 저어준다.

04 준비한 틀에 유산지를 깔고 반죽을 부어준다. 아래로 탕탕 2~3번 내리친다(기포제거).

바닥에 깔아 둔 팬에는 뜨거운 물을 자작하게 담은 채 굽는다.

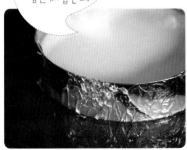

05 케이크틀은 물이 담긴 팬 위에 올려 중탕으로 구워준다.

06 예열된 오븐 170℃에 약 37~40분간 굽는다. 다 구운 케이크는 틀째로 식혀둔다.

07 치즈케이크는 바로 먹어도 좋지만 하루가 지난 후 먹으면 더 촉촉하고 맛있다.

나만의 홈메이드표
시나몬미숫가루 쿠키

홈메이드 느낌이 충만한 미숫가루 시나몬 쿠키 만들기.
구수한 미숫가루와 은은한 시나몬향이 잘 어울리는 쿠키에요.

버터는
1~2시간 전에
미리 실온에꺼내
두세요.

01 큰 볼에 말랑해진 버터를 담아
풀고 설탕, 소금을 넣는다. 설탕의 서
걱거림이 조금 사라질 때까지 풀고
노른자, 레몬즙을 넣고 마저 섞는다.

02 시나몬가루(없으면 계피가루), 체
친 박력분, 미숫가루, 베이킹파우더,
올리고당을 넣고 주걱으로 잘 섞는다.

03 십자가를 그으며 반죽이 한 덩어
리가 되도록 만든다. 비닐이나 랩에
싸서 30분간 냉장보관한다.

04 휴지를 마친 반죽은 약 10g 정도
반죽을 떼어 동그랗게 빚어준다.

눌러 주다 보면
갈라지는 경우가 있지만
자연스런 느낌이
있으니
신경쓰지 않는다.

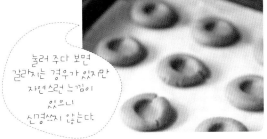

05 쿠키 팬 위에 간격을 띄어 반죽
을 올린다. 손가락 검지로 가운데 부
분을 살포시 눌러준다.

06 예열된 오븐 170℃ 약 15분간 구
워준다. 반죽이 도톰한 편이니 조금
오랫동안 바삭하게 굽는다.

맛있게 신나는 초코칩쿠키

아이들이 좋아하는 알록달록한 초코칩 쿠키.
만들기도 간단하니 아이와 함께 만들어 보세요.

재료 준비하기

무염버터(100g), 박력분(200g), 베이킹
파우더(1/2티스푼), 설탕(60g), 소금(1/6
티스푼), 계란 노른자(2개), 초코칩(한
줌), 레몬즙(1티스푼), 물(6숟가락)

버터는
1~2시간 전에
미리 실온에 꺼내
두세요

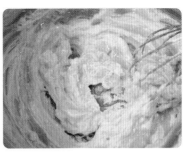

01 큰 볼에 말랑해진 버터를 담아
거품기로 저어준다. 설탕, 소금을 넣
고 설탕의 서걱거림이 조금 사라질때
까지 풀어준다.

02 이어 계란 노른자를 넣고 섞어준
다. 계란이 풀리도록 열심히 젓다가
레몬즙을 넣고 마저 섞는다.

03 미리 체친 박력분과 베이킹파우
더를 넣어 함께 섞는다. 물을 넣고 반
죽의 질기를 맞춘다.

04 주걱을 이용해 십자가를 그으며
반죽한다. 가루가 보이지 않을 때쯤
초코칩을 넣고 반죽이 한 덩어리가
되도록 만든다.

간격을 띄어
조금 두툼하게
올린다.

05 호일 또는 유산지를 깐 쿠키 팬
위에 반죽을 수저로 퍼서 올린다.
예열된 오븐 170℃ 약 20~25분간
구워준다.

고소함을 간직하고 싶은 에그타르트

파이 반죽을 할 때는 들어가는 재료들이 모두 차가우면 좋아요.
버터, 물, 밀가루, 설탕을 냉장고에 넣어두고
만들기 직전 바로 꺼내 차가운 재료들로 반죽을 해보세요.
더욱 바삭 바삭한 결이 느껴지는 파이를 만들을 수 있답니다.

재료 준비하기

파이 반죽 만들기 강력분(60g), 박력분(120g), 무염버터(120g), 설탕(2티스푼), 소금(1/4티스푼), 찬물(6숟가락), 머핀 팬(없으면 파이 팬, 일회용 은박지 접시 등)

커스터드 크림 만들기 계란 노른자(3개), 설탕(40g), 박력분(10g), 우유(220ml), 바닐라빈(4cm, 없으면 바닐라오일 1티스푼)

소보로 상태가 되도록 반죽한다.

01 파이지 만들기 큰 볼에 체친 강력분, 박력분, 설탕, 소금을 넣어 섞은 후 주사위 모양으로 썬 차가운 버터를 올려준다.

02 스크래퍼(또는 포크)로 버터를 조각내어 주변 가루와 부슬부슬 섞으며 반죽한다.

원형 쿠키 틀, 컵을 이용해 잘라내면 편함

03 찬물을 넣어가며 반죽이 한 덩어리가 되도록 만든다. 반죽은 납작하게 한 후 비닐 또는 랩에 감싸 냉장고에 약 1시간 동안 넣어둔다.

04 휴지를 마친 반죽은 꺼내서 밀대로 밀어준다(약 0.3cm 두께).

05 반죽은 머핀 팬 바닥 사이즈보다 조금 크게 잘라준다.

06 반죽은 머핀 팬에 담은 후 손으로 꾹꾹 눌러가며 바닥에 잘 붙도록 만져주고 굽는 동안 뜨지 않게 포크로 구멍을 낸다. 예열된 오븐 180℃ 약 15분간 굽는다.

07 팬 안에 우유, 바닐라빈을 넣고 끓으면 불에서 내린다. 다른 볼에 계란 노른자, 설탕, 체친 박력분을 넣고 섞는다. 이 계란 반죽에 끓인 우유를 체에 걸러 넣고 섞는다.

08 다시 팬 안에 부어 약한 불에서 저어가며 끓인다. 한 김 식힌 커스터드 크림은 구운 파이지에 담아 예열된 오븐 200℃ 약 15분간 굽는다.

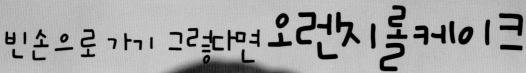

빈손으로 가기 그렇다면 오렌지 롤케이크

언제 먹어도 맛있는 롤케이크! 생일 집들이 초대 받았을 때, 아이 학교 방문할 때
선물로 들고 가기 좋은 롤케이크! 무난하게 누구나 좋아하는 케이크죠.
받기에도 먹기에도 부담 없어서 좋아요.
오렌지 말고도 갖고 있는 과일로 활용해서 만들어 보세요.

01 비스퀴 만들기 큰 볼에 계란(3개) 을 담아 설탕을 넣고 풀어준다. 바닥 에 뜨거운 물을 받쳐 핸드믹서기로 거품을 올린다(뽀얀 아이보리색이 나 며 거품이 단단해질 때까지).

02 반죽을 떨어뜨려 모양이 유지되 면, 핸드믹서를 중~약으로 낮춰가며 잔 거품을 제거하고 마무리 한다. 바 닐라 오일을 넣고 잘 섞어준다.

녹인 버터를 바로 섞게되면 거품이 꺼진다.

03 미리 체친 박력분과 전분가루를 넣고 주걱으로 거품이 꺼지지 않도록 아래에서 위로 재빨리 섞는다(가루가 보이지 않을 때까지).

04 중탕으로 녹인 우유, 버터는 바 로 섞지말고 3번 반죽을 한 주걱 떠 서 미리 섞은 후 전체 반죽에 조심히 흘려 넣고 재빨리 섞는다.

05 유산지를 깐 넓은 사각틀(쿠키 팬)에 반죽을 붓고, 바닥에 탕탕 친 후 예열된 오븐 170℃ 약 15~20분간 굽는다. 구운 비스퀴는 틀에서 바로 꺼내 뒤집어서 식힌다.

오렌지는 작은 크기로 썰어둔다.

고정이 된 후 썰어야 예쁘다.

06 시럽 만들기 팬에 설탕, 물을 넣고 끓 인 후 불에서 내려 식힌다. 생크림 휘 핑하기 냉장고에 넣어둔 생크림은 설 탕을 넣고 80~90% 단단해질 때까지 핸드 믹서로 휘핑한다.

07 바닥에 유산지를 깔고 구운 비스 퀴를 올린다. 미리 만들어둔 시럽을 바르고 생크림을 넉넉히 바른 후, 오 렌지를 올린다.

08 바닥에 깔린 유산지를 조심스럽 게 들며 돌돌 말아 준다. 바로 먹기 보다는, 유산지째로 10분간 둔 후 썰 어 먹는다.

촘촘하고 부드러운 요구르트 모카머핀

요구르트가 들어가 머핀이 촘촘하고 부드러운 편이에요.
은은한 모카향이 도는 머핀은 프로스팅을 올려 컵케이크처럼 즐기셔도 좋아요.
시원한 아이스크림을 올려먹으면 아이스크림 치즈케이크가 완성 되겠죠?

버터는
1~2시간 전에
미리 실온에 꺼내
두세요.

01 커피액 만들기 커피가루(4)+뜨
거운 물(5) 넣고 커피가루가 잘 녹도
록 충분히 저어준다. 이렇게 만든 커
피액은 잠시 한 쪽에 둔다.

02 큰 볼에 말랑해진 버터를 담아
거품기로 저어준다. 설탕, 소금을 넣
고 설탕의 서걱거림이 조금 사라질때
까지 풀어준다.

03 설탕의 서걱거림이 조금 남아있
을 때 계란을 나눠 넣어준다. 이어 레
몬즙, 연유를 넣고 잘 섞어준다.

04 체친 박력분, 베이킹파우더를 넣
고 주걱으로 잘 섞어준다.

틀의
70~80% 차게
담는다.

05 미리 만들어둔 커피액, 물엿, 요
구르트를 넣고 골고루 잘 섞어준다.

06 유산지 꽂은 머핀팬에 짤주머니
나 수저를 이용해 반죽을 담는다. 예
열된 오븐 180℃ 약 30~35분간 구
워준다.

볼수록 예쁜 초코칩 네모 쿠키

'모카 초코칩 쿠키'
은은한 커피와 달콤 쌉쌀한 다크 초코가 들어간
바삭바삭 식감 좋은 쿠키랍니다.

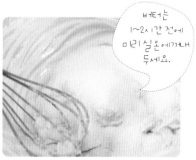

버터는
1~2시간 전에
미리 실온에꺼내
두세요.

01 커피액 만들기 커피가루(2)+뜨 거운 물(3) 넣고 커피가루가 잘 녹도 록 충분히 저어준다. 이렇게 만든 커 피액은 잠시 한 쪽에 둔다.

02 큰 볼에 말랑해진 버터를 담아 거품기로 저어준다. 설탕, 소금을 넣 고 설탕의 서걱거림이 조금 사라질때 까지 풀어준다.

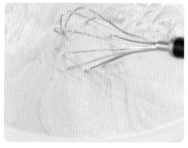

03 이어 계란을 넣고 풀리도록 열심 히 젓다가 레몬즙을 넣고 마저 섞어 준다.

04 만들어둔 커피액을 반죽 속에 넣 고 섞은 후 체친 박력분과 베이킹파우 더를 넣고 주걱으로 잘 섞는다. 가루가 보이지 않을 때쯤 초코칩을 넣어준다.

05 주걱을 이용해 십자가를 그으며 반죽이 한 덩어리가 되도록 만든다.

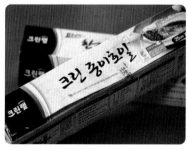

06 반죽은 길고 네모나게 각을 잡 아 랩으로 감싼다.

07 랩이나 호일이 들어있던 네모난 상자에 반죽을 담고 약 3~4시간 동 안 냉동고에 넣어두자.

08 냉동고에서 꺼낸 반죽은 가볍게 해동한 후 1cm 두께로 썰고 쿠키 팬 위에 간격을 띄어 올린 후 예열된 오븐 170℃ 약 15~20분간 구워준다.

입안가득 행복햄 초코칩스콘

반죽을 너무 치대거나 오랫동안 만지면 안돼요.
밀가루의 특성상 '글루텐' 이 생기므로 질긴 스콘이 될 수 있어요.
초코칩 스콘은 잼이나 크림치즈 필요 없이 따뜻하게 데워 그냥 뜯어 먹는게 가장 맛있답니다.

재료 준비하기

박력분(170g), 베이킹파우더(1.5티스푼),
무염버터(40g), 설탕(30g), 소금(1/6티
스푼), 계란(1개), 레몬즙(2티스푼), 우유
(6숟가락), 초코칩(한 줌)

계란물 만들기 노른자(1개)+물(2티스푼)

01 큰 볼에 체친 박력분, 베이킹파
우더를 담는다.

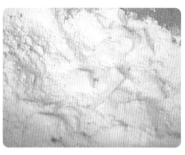

02 차가운 버터는 주사위 모양으로
썰어 밀가루 위에 올리고 스크래퍼
(또는 포크)로 조각조각 내어 주변가
루와 부슬부슬 섞으며 반죽한다.

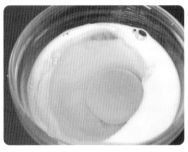

03 다른 볼에는 계란과 우유, 설탕,
소금, 레몬즙을 넣고 골고루 섞어준다.

한번에 다
넣지말고, 반죽의 질기
를 보며 넣는다.

04 2번 반죽에 3번을 조금씩 흘려
넣으며 반죽을 한 덩어리로 만든다.

05 초코칩은 크게 한 줌 넣고 섞은
후 한 덩어리로 뭉쳐 랩이나 비닐에
담아 냉장고에 30분간 넣어둔다.

06 휴지를 마친 반죽은 약 3cm 두
께로 민 후 네모지게 썰어준다.

07 호일이나 유산지 깐 팬 위에 간
격 띄어 올리고 계란물을 바른 후, 예
열된 오븐 180℃ 약 20분~25분간
구워준다.

캐릭터바닐라쿠키

오븐에서 꺼낸 쿠키는 한 김 식힌 후 식힘망 위에 올려 충분히 식혀 드세요.
쿠키는 바로 먹는 것보다 충분히 식힌 후 먹어야 바삭바삭 더 맛있어요.

버터는
1~2시간 전에
미리 실온에꺼내
두세요.

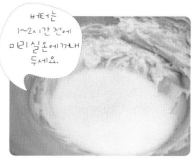

01 큰 볼에 말랑해진 버터를 담아
거품기로 저어준다. 설탕, 소금을 넣
고 설탕의 서걱거림이 조금 사라질때
까지 풀어준다.

02 이어 계란 노른자를 넣어 풀고
레몬즙을 넣고 마저 섞어준다.

03 미리 체친 박력분과 베이킹파우
더를 넣어 함께 섞는다. 물 또는 우유
를 넣고 반죽의 질기를 맞춘다.

04 주걱을 이용해 십자가를 그으며
반죽이 한 덩어리가 되도록 만든다.

05 반죽은 비닐이나 랩에 싸서 30
분간 냉장보관한다.

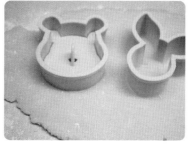

06 휴지를 마친 반죽은 덧밀가루 뿌
린 바닥에 올려 밀대로 밀어준다(약
0.3cm 두께로). 모양틀(쿠키커터)로
찍어준다.

07 반죽은 넓은 팬 위에 간격을 띄
어 올리고 예열된 오븐 170℃ 약 15
분간 구워준다.

떼굴 떼굴~ 커피빈 쿠키

따뜻한 커피 한잔과 함께 커피 빈 쿠키 바삭하게 즐겨보세요.
조금은 단단하고 바삭바삭한 식감의 커피빈 쿠키.
은은한 모카향이 일품이고, 아몬드 분말 덕에 구수한게 중독성 있는 쿠키랍니다.

버터는 1~2시간 전에 미리 실온에 꺼내 두세요

01 커피액 만들기 커피가루(3)+뜨
거운 물(4) 넣고 커피가루가 잘 녹도
록 충분히 저어준다. 이렇게 만든 커
피액은 잠시 한 쪽에 둔다.

02 큰 볼에 말랑해진 버터를 담아
거품기로 저어준다. 설탕, 소금을 넣
고 설탕의 서걱거림이 조금 사라질때
까지 풀어준다.

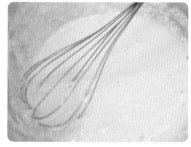

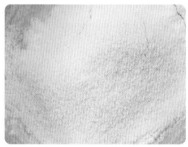

03 이어 계란을 넣고 풀리도록 열심
히 젓다가 레몬즙을 넣고 마저 섞어
준다.

04 만들어둔 커피액을 반죽 속에 넣
고 잘 섞은 후 체친 박력분과 아몬드
가루, 코코아가루를 넣고 주걱으로
잘 섞는다.

05 주걱을 이용해 반죽이 한 덩어리
가 되도록 만든다(반죽이 진 편이니 덧
가루를 묻혀가며 한 덩어리로 만든다).

06 반죽은 비닐이나 랩에 싸서 1시
간 정도 냉장보관한다.

07 휴지를 마친 반죽은 약 15g씩 떼
어내서 타조알 모양(=럭비공 모양)으
로 빚고 윗면에 살짝 금을 그어준다.

08 예열된 오븐 170℃ 약 20~25분
간 구워준다. 구운 쿠키는 식힘망 위
에 올려 충분히 식힌 후 바삭하게 먹
는다.

바나나가 통으로?
바나나코코아파운드케이크

바나나가 통으로 들어가 더 먹음직스러워 보이는 파운드케이크.
우유와 함께 드세요.

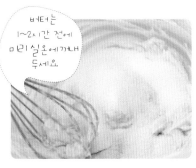

버터는
1~2시간 전에
미리 실온에꺼내
두세요

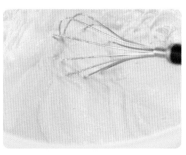

01 큰 볼에 말랑해진 버터를 담아
거품기로 저어준다. 설탕, 소금을 넣
고 설탕의 서걱거림이 조금 사라질
때까지 풀어준다.

02 이어 계란을 나눠 넣고 레몬즙을
넣어 풀어준다.

03 채친 박력분과 베이킹파우더, 코
코아가루를 넣고 주걱으로 섞는다.

04 물엿을 넣고 매끄럽게 잘 섞은
후 틀 안에 반죽을 담는다.

반죽 높이보다
긴 바나나를 바닥에
닿게 꽂아준다.

05 반죽의 위를 매끄럽게 정리했으
면 이제 바나나를 꽂아준다.

06 예열된 오븐 180℃에서 약
30~35분간 구워준다.

부드럽고 폭신폭신한 코코아컵케이크

컵케이크는 이름만 들어도 행복하고 기분이 좋아요.
모양이 투박하고 엉성해보일지라도 그 자체 그대로 멋스러운 홈메이드 컵케이크.

재료 준비하기

머랭 만들기 흰자(2개)+설탕(30g)

반죽 만들기 무염버터(80g), 설탕(80g), 소금(1/6티스푼), 계란 노른자(2개), 레몬즙(2티스푼), 박력분(120g), 베이킹파우더(1티스푼), 코코아가루(20g, 무가당), 미지근한 우유(7숟가락)

프로스팅 만들기 크림치즈 딸기맛(200g), 슈가파우더(100g), 레몬즙(1숟가락)

실온상태에 꺼내 둔 말랑한 크림치즈는 거품기로 잘 풀어준다. 슈가파우더(100), 레몬(1)을 넣고 잘 풀어준다. 크림치즈 프로스팅 완성!

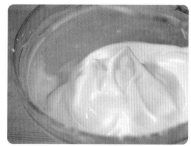

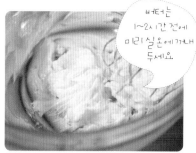

버터는 1~2시간 전에 미리 실온에 꺼내 두세요

01 머랭 만들기 볼에 계란 흰자(2), 설탕(30)을 넣고 섞으며 거품기를 들었을 때 뿔이 생겨 모양이 유지될 때까지 거품을 올린다.

02 큰 볼에 말랑해진 버터를 담아 거품기로 저어준다. 설탕(80), 소금을 넣고 설탕의 서걱거림이 조금 사라질 때까지 풀어준다.

03 이어 계란 노른자를 나눠 넣어준다. 계란이 풀렸으면 레몬즙을 넣고 마저 섞어준다.

04 이제 머랭의 반(1/2)을 3번 반죽에 미리 넣고 잘 섞는다. 이어서 체친 박력분, 베이킹파우더, 코코아가루를 함께 넣고 주걱으로 살살 섞다가 우유를 넣고 마저 섞는다.

머랭이 들었기 때문에 거품이 꺼지지 않도록 조심스럽게 섞는다.

05 가루가 안보이게 잘 섞였으면 남은 머랭을 모두 넣고 위·아래로 뒤척이며 잘 섞는다.

06 유산지 꽂은 머핀팬에 짤주머니나 수저를 이용해 반죽을 담는다(틀의 70~80% 차게 담는다).

07 예열된 오븐 180℃ 약 20분간 굽는다. 프로스팅은 충분히 식힌 컵케이크 위에 올린다(크림치즈 프로스팅 만들기는 상단 참고).

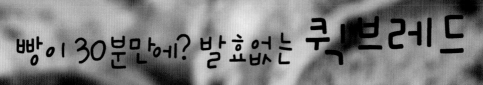

빵이 30분만에? 발효없는 쿼 브레드

~5시~~~~는 발효빵 만들~~~~들 지요.

퀵 브레드는 쉽고 짧게 만들어 먹을 수 있는 편법 빵이에요.

그저 소박하고, 투박한 컨츄리스러운 빵이에요.

중간에 ~히는 견과류, 견과일 덕분에 씹는 ~이 더욱 좋아요.

01 볼 안에 우유, 설탕, 소금, 레몬즙 모두 넣고 잘 섞어둔다. 만들어 둔 우유물은 잠시 옆에 둔다.

02 다른 볼에 체친 박력분, 강력분, 베이킹파우더, 베이킹소다를 넣고 섞는다.

반죽은 진 편이다.

03 호두, 건포도 등 견과류, 건과일을 넣고 함께 섞어준다. 미리 개어둔 우유물을 밀가루에 부어가며 주걱으로 반죽을 한다. 반죽이 한덩어리가 되도록 만든다(질면 덧밀가루 사용).

04 예열된 오븐 190℃ 약 25분간 굽다가 170℃ 10분간 낮춰 굽는다. 윗면이 노릇해졌을 때 오븐에서 꺼낸다.

결코 어렵지 않은 티라미수

티라미수를 먹는 동안은 스트레스가 싹! 날아가는거 같아요.
카페에서 사먹던 비싼 티라미수! 이제는 집에서 만들어 드세요. 만들기 어렵지 않아요.
시판용 카스테라를 활용하면 더욱 빠르고 쉽게 만들 수 있어요.

재료 준비하기

비스퀴 만들기 계란(3개), 설탕(60g), 박력분(60g), 옥수수 전분가루(1티스푼), 무염버터(15g), 우유(3숟가락), 바닐라 오일(1/2 티스푼, 없으면 생략), (비스퀴 만들기가 어렵다면 시판용 카스테라를 구입한다.)

커피 시럽 만들기 물(30㎖), 설탕(30g), 인스턴트 커피가루(5g)

크림 만들기 크림치즈(250g), 생크림(150g), 플레인 요구르트(80g), 설탕(40g), 레몬즙(1숟가락)

코코아가루(무가당), 디저트 컵(없으면 머그컵이나 밀폐용기)

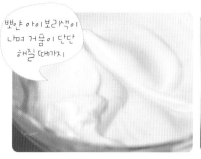

뽀얀 아이보리색이 나며 거품이 단단해질 때까지

녹인 버터를 바로 섞게 되면 거품이 꺼진다.

01 비스퀴 만들기 큰 볼에 계란(3개)을 담아 설탕을 넣어 풀고 바닥에 뜨거운 물을 받쳐 핸드믹서기로 거품을 올린다(바닐라 오일도 넣는다). 체친 박력분, 전분을 넣고 재빨리 섞는다.

02 중탕으로 녹인 우유, 버터는 바로 섞지말고 1번 반죽을 한 주걱 떠서 미리 섞은 후 전체 반죽에 조심히 흘려 넣고 재빠르게 섞는다.

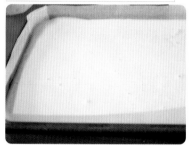

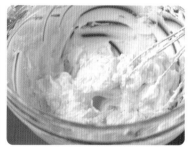

03 유산지를 깐 사각틀(또는 원형틀)에 반죽을 붓고, 바닥에 탕탕 내리친 후 예열된 오븐 170℃ 약 15~20분간 구워준다.

04 커피액 만들기 팬 안에 물(30), 설탕(30), 인스턴트 커피가루(5)를 넣고 한 번 끓인 후 식힌다.

05 실온상태에 둔 말랑해진 크림치즈(250)를 넣고 풀어준 후 설탕(40)을 넣고 마저 푼다. 휘핑한 생크림과 플레인 요구르트를 넣는다. 레몬즙도 함께 넣는다.

06 폭신한 비스퀴는 디저트 컵 사이즈와 얼추 비슷하게 오려둔다(비스퀴는 직접 만들지 않고 시판 카스테라를 구입해서 써도 된다).

07 디저트 컵 안에 폭신한 비스퀴를 담고 커피 시럽을 축축히 발라주고, 크림을 올린다. 그리고 다시 비스퀴, 커피시럽, 크림 순으로 올린다.

08 크림으로 마무리 했으면, 스패튤러로 평평하게 깍아준다. 코코아가루를 체쳐 올린다.

버터 없어도 고소하다 김크래커

버터가 아닌 포도씨유로 고소한 크래커를 만들 수 있어요.
중간에 씹히는 고소한 김, 바삭거리는 식감의 김 크래커는 맥주 안주로도 제격이에요.

01 볼 안에 포도씨유, 설탕, 소금을 담고 잘 풀어준다.

02 체친 박력분과 가위로 잘게 자른 김을 함께 넣는다.

03 주걱으로 가루를 섞으며 중간중간 물을 부어가며 반죽이 한 덩어리가 되도록 만든다.

04 반죽은 비닐이나 랩에 싸서 밀봉을 확실히 한 후 약 30분 동안 냉장 보관한다.

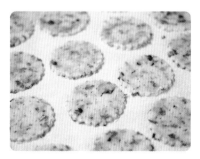

05 휴지를 마친 반죽은 덧밀가루 뿌린 바닥에 올려 밀대로 약 0.3cm 두께로 밀어준다. 모양틀(쿠키커터)로 찍은 모양 반죽은 쿠키 팬 위에 올려 예열된 오븐 170℃ 약 15~20분간 구워준다.

부록
Usually Food

냉장고 안에 있을 법한 자주 활용하게 되는 식재료,
그리고 **활용 레시피** 제안

고구마

효능 : 개인적으로 너무나 사랑하는 고구마. 고구마의 효능을 알고 먹는다면, 더욱 소중하고 맛있게 느껴질거에요. 고구마의 식이섬유는 변비 치료, 숙변 제거 등 장 운동을 활발하게 해주는데요. 고구마의 든든한 포만감 때문에 밥 한끼로 대체하기에 충분한 영양소가 있어요. 또한 하루 권장량에 해당할 만한 고구마의 대단한 비타민 C는 노화방지, 피로회복, 피부미용에 좋아요. 항암효과도 뛰어난 식품이니 많이들 먹자고요.

감자대신 고구마!
p.83/고구마 닭볶음탕

아침밥으로 훌륭해
p.135/고구마 양파 수프

든든해서 한끼 식사로 좋은
p.137/고구마 치즈 샌드위치

파티 핑거푸드로 제격!
p.139/고구마 치즈 카나페

간식으로 최고!
p.141/고구마 케첩 범버기

꿀로 만든
p.145/고구마 맛탕

맥주 안주로 그만!
p.175/웨지 감자, 고구마

바삭바삭 입에서 녹는
p.191/고구마 파이

양파

효능 : 양파는 단백질, 칼슘 함량이 높고, 식이섬유, 무기질이 많지만 지방 함량은 적은 편이라 다이어트, 체중 감량할 때 먹기 좋은 식품이에요. 신진대사를 활발히 해 피로회복에 좋고, 항암효과와 당뇨병 예방 치료에 효과적이랍니다.

착한재료 양파로 만드는
p.33/양파 볶음

쉽고 간단한 반찬 찾아?
p.63/양배추 어묵 볶음

계란

효능 : 영양소가 골고루 들어 있는 완전식품인 계란. 계란의 효능을 알면, 작은 계란도 절대 가볍지 않게 느껴지실거에요. 계란을 통한 영양소 섭취는 충분한 편이라 다이어트, 체중 감량에 도움을 주는 식품이죠. 뿐만 아니라, 두뇌 발달, 학습능력 향상, 노화방지에도 좋은 계란입니다. 아! 노른자의 콜레스테롤 때문에 기피하시는 분들이 많은데요. 이는 잘못된 상식! 노른자가 콜레스테롤에 미치는 영향은 미미한 수준이라고 합니다. 안심하고 드셔도 되긴 합니다만, 노른자가 흰자에 비해 지방이 많아 한 번에 과잉 섭취하면 살찌기 쉬우니 주의하시고요.

부드러운 된장소스
p.25/ 양파 계란말이

푸딩같은 일식집
p.27/ 계란찜

정성가득, 사랑가득
p.57/ 버섯 메추리알 조림

포장마차보다 더 맛있다!
p.71/ 치즈 계란말이

중국에서 먹던 눈물의
p.77/ 토마토 계란 볶음

바쁜 아침엔 국물 끓인다고 간단한
p.81/ 계란국

길거리 간식 최강자!
p.189/ 계란빵

고소함을 간직하고 싶은
p.229/ 에그 타르트

두부

효능 : 레시틴 성분이 다량 함유되어있는 두부는 두뇌활동을 활발히 해주고, 특히 공부하는 학생, 체중감량하는 분들에게도 좋은 저칼로리 고단백 식품이에요. 칼슘이 많은 콩으로 만들어졌기 때문에 뼈가 튼튼해지고 성장 발육에 좋고, 풍부한 미네랄 성분으로 피부미용에도 좋은 고마운 두부!

우리 가족이 좋아하는
p.35/ 김치 두부 조림

톡톡 터지는 고소함 옥수수를 넣은
p.49/ 두부 참치전

중국에서 먹던 잊지 못할
p.51/ 마파 두부

감자

효능 : 감자는 가열해도 영양소가 쉽게 파괴되지 않아 다양한 조리방법으로 안심하고 먹을 수 있어요. 섬유질이 풍부하여 다이어트 식품으로도 좋을 뿐 아니라, 장 운동을 활발하게 해 변비 예방·치료에 좋아요. 감자를 섭취함으로써 나트륨을 몸 밖으로 배출해주고, 신경을 안정시켜주는 효과도 있으니 기분 좋게 드세요.

간단하게 감자요리!
p.23/야채 감자채볶음

감자와 가지는 친구
p.133/감자 가지 부침개

육수, 생크림 필요 없는
p.163/미숫가루 감자 수프

맥주 안주로 그만!
p.175/웨지 감자, 고구마

무

효능 : 무는 국으로 끓이면 국물맛을 깊고 시원하게 만들어 주죠. 무의 시원함은 과음한 다음날 숙취해소에 큰 도움을 주기도 하고, 특히 식중독을 예방하고 소화를 돕는 아주 고마운 식품이에요. 식중독에 걸리기 쉬운 여름철 음식은 무와 함께 먹으면 안전한 식사를 할 수 있겠죠. 풍부한 식이섬유로 변비 예방·치료 뿐 아니라 위산과다, 위궤양, 속쓰림에 좋은 무이니 요리로 다양하게 활용해보세요.

국물까지 싹싹
p.29/고등어 무 조림

만들기 어렵지 않아요.
p.39/깍두기

과음은 그만 열흘 속 풀자!
p.95/북어국

길고 시원한 맛!
p.99/소고기 무국

  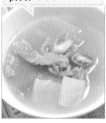 

닭고기

효능 : 고기 중에서 단백질 함량이 가장 높은 닭고기. 저콜레스테롤, 저칼로리, 고단백인 닭고기는 다른 고기에 비해 부담감이 없어 가볍게 먹을 수 있는 소화가 잘되는 육류죠.

감자 대신 고구마!
p.83/ 고구마 닭볶음탕

국수해서 국물째 떠먹고 싶은
p.87/ 된장 닭볶음탕

고급 중국 요리도 집에서 뚝딱!
p.119/ 깐풍기

오늘은 특별하게 먹어볼까?
p.121/ 데리야끼 땅콩 닭조림

다이어트 중이라면
p.123/ 닭가슴살 무쌈말이

오늘밤 술안주로 어때?
p.147/ 닭봉구이

입 크게 벌려 먹자!
p.177/ 데리야끼 치킨 샌드위치

김치

효능 : 우리나라의 대표음식! 자신만만한 민족음식답게 김치는 세계적으로도 인정받는 건강식품이에요. 면역력을 높이고 항암효과에도 매우 좋은 김치. 고추 속 캡사이신 성분이 지방을 태우는 효과가 있다고 하는데요. 식이섬유 역시 많이 함유하고 있어 피부미용, 건강에도 매우 좋고, 발효되면서 발생하는 유산균은 장을 튼튼하게 해주기까지 하죠.

우리가족이 좋아하는
p.35/ 김치 두부 조림

도시락 반찬도 센스있게!
p.37/ 소시지 김치 볶음

김치 떨어졌을 때 얼른 만들자!
p.55/ 배추 겉절이

달콤한 단호박과 함께
p.85/ 김치 단호박 찌개

저렴한 재료로 끝내주게맛있는
p.105/ 어묵 김치 찌개

단호박

효능 : 붓기 빼는 데는 호박만한 게 없다고 하죠. 소화기관을 보호하고, 두뇌발달에도 좋은 단호박. 식이섬유, 비타민, 미네랄이 풍부해 두말할 것 없이 몸에 이로운 음식이에요. 영양소가 풍부하고 포만감이 가득해 체중감량하는 데도 큰 도움을 줄 수 있는 식품이에요.

감자 조림에만 얽매였다면
p.31/ 고추장 단호박 조림

달콤한 단호박과 함께
p.85/ 김치 단호박 찌개

고소한 냄새가 물씬
p.169/ 버터 옥수수, 단호박 구이

많이 먹으면 예뻐질까?
p.179/ 호박죽

입에서 살살 녹는
p.197/ 단호박 파운드 케이크

어묵

효능 : 어묵만큼 저렴하고 만만한, 하지만 너무 맛이 좋은 식재료가 어디 또 있을까요? 생선살을 으깨서 설탕, 전분, 조미료를 넣고 반죽해 굽거나 튀긴 단백질을 응고시킨 것이 바로 어묵인데요. 어묵의 맛은 생선살과 전분의 비율에 따라 달라져요. 생선살이 많이 들어갈수록 탱탱하고, 씹을수록 고소한 맛 좋은 어묵이지요.

저렴한 재료로 끝내주게 맛있는
p.105/ 어묵 김치 찌개

술안주로 좋은
p.107/ 어묵탕

쉽고 간단한 반찬 찾아?
p.63/ 양배추 어묵 볶음

고기가 필요 없는 깔끔 담백한
p.127/ 어묵 잡채

식빵

효능 : 식빵 한 줄 집에 있으면 간식 걱정 없어요. 유통기한이 다가오는 식빵이 있다면 다양한 간식으로 변신시켜 보세요. 시켜먹는 피자보다 맛있는 식빵 피자, 학창 시절에 많이 먹던 바삭바삭한 러스크, 부드러운 식빵 푸딩, 식빵을 곱게 갈아서 돈가스나 튀김류에 꼭 필요한 빵가루로 만들어보세요.

든든해서 한끼 식사로 좋은
p.137/고구마 치즈 샌드위치

10분 안에 끝나는 스피드!
p.151/맛살 오이 샌드위치

바삭바삭! 커피 한 잔과 함께
p.159/모카 토스트

육수, 생크림 필요 없는
p.163/미숫가루 감자 수프

카페에서 먹던
p.167/버터 브레드

입 크게 벌려 먹자!
p.177/데리야끼 치킨 샌드위치

양파

햇양파는 껍질에 윤기가 나고 알이 크며 만져봤을 때 단단한 양파가 좋아요. 줄기 부분을 만져보았을 때 딱딱하다면 피하는 것이 좋아요. 속에서 싹이 나올 준비를 하고 있으니까요. 보관은 양파망에 담아 통풍이 잘 되는 어둡고 서늘한 곳에서 보관하세요. 껍질을 미리 벗겨 보관해둘 거라면, 비닐봉지에 잘 싸서 냉장보관해요.

가지

굵고 윤기가 나는 진한 보라색을 띄는 가지를 고르세요. 끝의 꼭지 부분이 싱싱해보이는 것도 싱싱한 가지에요. 보관은 신문지에 돌돌 말아 봉지에 넣어 잘 묶은 후 냉장보관하세요.

당근

밝은 주황색의 표면에 상처가 없고 단단한 것이 좋은 당근이에요. 당근은 젖은 채로 보관하면 금방 무르기 쉬우니, 물기를 없앤 후 신문지에 돌돌 싸서 비닐봉지에 담아 냉장 보관해요. 당근 양이 많은 경우에는 먹기 좋게 썰어 끓는 물에 살짝 데친 후 물기를 제거하고 냉동보관하세요. 필요시에 한 주먹씩 꺼내 조리하면 빠르고 편하게 사용할 수 있어요.

토마토

표면이 매끈하고 껍질에 윤기가 나며 들어보았을 때 무게감 있는 것을 골라보세요. 꼭지 부분이 진하고 싱싱해보이는 것이 좋아요. 빨갛고 싱싱한 상태의 토마토는 완숙 상태이므로 최대한 빨리 먹는 것이 좋고, 대량으로 구매했을 경우에는 토마토를 끓는 물에 살짝 담가 껍질을 자연스럽게 벗겨 반으로 갈라 속의 씨를 제거하여 밀폐용기에 잘 담아 냉동보관해요. 그럼 좀 더 오래 보관하면서 다양한 토마토 요리로 활용해서 만들 수 있어요. 토마토 주스, 토마토 계란 볶음, 토마토 스파게티, 토마토 스튜 등, 새콤달콤 토마토 요리가 기다려져요.

단호박

껍질에 윤기가 나고 단단하며, 두꺼워 보이는 것이 당도 높은 좋은 단호박이에요. 껍질색은 선명하고 진하며, 마트에서 단면으로 잘라서 파는 단호박일 경우에는 속살이 진한 주황색을 띠고 씨가 가득 차 있는 것이 좋은 것이에요. 단호박을 통째로 보관할 경우에는 서늘한 실온에 보관하고, 자른 후 보관할 시에는 냉장고에 보관해요. 오래두고 드실 분들은 단호박을 반으로 잘라, 스푼으로 씨를 깨끗이 제거하고 먹기 좋게 썰어 끓는 물에 살짝 데쳐 냉동보관해요.

고구마

진한 적자색의 상처가 적고 통통한 것이 당도 높은 맛있는 고구마에요. 고구마는 자르면 쉽게 갈변이 되므로 물에 약 5~10분간 담가 전분기를 제거한 후 조리해요. 시원하고 서늘한 곳, 실온 상태에서 보관하세요.

버섯

버섯은 종류가 다양한데요. 대부분 단단해 보이고 상처가 없는 걸로 고르는데, 새송이버섯은 곧고 길며 아래로 내려갈수록 통통해 보이는 것이 좋고, 느타리버섯은 갓이 상처없이 신선해 보이는 것, 표고버섯은 갓의 안쪽 부분이 하얗고 길이가 짧은 것이 좋은 편이며, 팽이버섯은 곧고 가지런하며 길이가 길게 뻗어 있는 것이 좋아요. 버섯은 물에 씻으면 수분을 쉽게 흡수해버리므로 버섯 특유의 향과 식감을 잃게 돼요. 씻지 않고 바로 쓰는 것이 가장 좋으나, 혹 찜찜하다면 젖은 키친타올로 슥슥 닦아낸 후 사용하세요.

닭고기/돼지고기/소고기

닭고기는 껍질에 주름이 많고 만졌을 때 탄력있는 것이 신선하니 좋아요. 포장되어 있는 닭이라면 팩 안에 물이 고여 있거나 서리가 꼈으면 오래 보관된 닭이니 피하는 게 좋아요. 돼지고기는 연한 핑크색을 띄고 탄력이 있는 것, 소고기는 진한 선홍색을 띄고 결이 탄탄하며 탄력이 있는 것이 좋아요. 고기류는 당장 먹지 않을거라면 먹기 좋은 크기로 썰어 한번 먹을 만큼 나눠 포장한 후 냉동보관하세요(냉동된 고기는 해동, 냉동 과정을 여러 번 반복하게 되면 수분을 잃어 맛없는 상태로 변하거든요).

계란

신선한 계란은 껍질에 광택이 없고 까칠까칠해 보이는 것이 좋아요. 매끈하고 광택이 나는 계란은 오래된 계란이에요. 깨뜨렸을 때 노른자의 모양이 봉긋하고 오목하게 살아있고, 흰자 부분은 높이가 높아 보이는 것이 신선한 계란입니다. 계란에는 기공이 무수히 많이 열려 있어 호흡하기 때문에 냉장보관할 시에는 냄새가 강한 식품과 함께 두지 마시고요. 계란을 자세히 보면 한쪽은 뾰족하고 한쪽은 둥글해요. 둥근 쪽에 기실이 있으므로 둥근 쪽이 위로 가고 뾰족한 부분이 아래로 가도록 냉장보관하세요. 깨끗하게 보관하겠다고 물에 씻어 보관하면 계란이 쉽게 변질될 수 있으니, 신문지나 키친타올로 먼지를 대충 털어낸 후 보관하는 편이 나아요.

감자

표면이 매끄럽고 황토색 빛이 도는 무게감 있는
감자가 좋아요. 녹색빛이 도는 감자는 싹이 나기
쉬우니 피하세요. 감자는 싹이 나기 쉬운 식재료이므로
냉장보관 또는 시원하고 어두운 실온에서 보관하는 게
좋고, 혹 감자를 대량으로 구입했을 시 봉지 안에
사과 1개를 함께 넣어 묶어서 보관해보세요.
사과의 에틸렌 가스가 감자의 변색을 늦춰주거든요.
감자에 싹이 났다면 그 부분만 확실하게
도려낸 후 드셔도 무관합니다.

가장 기본적인 요리 '밥'

매일 먹는 밥, 작은 차이
하나로 밥맛이 달라진다?
이제부터 가장 맛있는 최상의
밥을 지어 입맛 돋구는
식사를 해보세요!

👨‍🍳 **맛있는 밥의 정의** : 밥알이 동글동글하니 모양이 상하지 않고, 고슬고슬 알알이 윤기나는 상태. 식감이 질지 않고 그렇다고 너무 되지 않는, 탱글탱글 기분 좋게 씹히는 식감의 상태가 맛있는 밥.

👨‍🍳 **맛있는 밥을 위한 기본 씻기** : 쌀을 물에 씻을 때는 청결하게 씻는다고 너무 오래 바락바락 씻으면 안 좋아요. 약 세 차례 정도 살랑살랑 가볍게 그리고 재빨리 씻는 것이 중요한데요. 쌀에 붙어 있는 쌀겨만 씻어내자 라는 생각으로 가볍게 씻어보세요.

👨‍🍳 **물에 불리는 시간은 약 30~40분** : 온도가 낮은 겨울철에는 불리는 시간을 좀 더 연장하세요. 물에 너무 오래 담가두면 쌀알이 푹 퍼져 고슬고슬한 밥을 만들기 어려워요. 불리는 시간은 약 30~40분이 적당.

👨‍🍳 **주의사항** : 취사가 끝난 후 바로 뚜껑을 열지 말고, 뜸을 충분히 들인 후 먹어요(약 10분). 뜸을 들인 후 바닥에 있는 밥을 위로 끌어올리며 밥알이 상하지 않게 설설 뒤섞어 뜨끈할 때 드세요(뜸을 충분히 들지 않으면 밥알이 딱딱하고 맛이 떨어질 수 있어요).

냄비 밥 짓기

일반 전기 압력 밥솥에 지을 경우와 냄비, 뚝배기, 가마솥에 밥을 할 때는 방법이 조금 달라요. 일반 전기밥솥은 취사 버튼을 누르면 모두 자동으로 밥이 되지만, 냄비 밥인 경우엔 수동으로 밥을 해야 하기 때문에 주의해야 해요. 타이밍을 놓치면 자칫 타거나 설익을 수 있거든요. 구수한 밥을 먹고 싶을 때, 야외, 바캉스에 가서 기분 내며 맛있는 밥을 만들 경우, 냄비로 맛있게 밥 하는 방법을 안다면, 무서울 것이 없지요.

냄비, 뚝배기, 가마솥에 밥하기 어렵다? 어렵지 않아요. 중간 과정만 잘 지켜준다면, 더 구수하고 고슬고슬한 밥을 먹을 수 있어요.

씻은 쌀은 물에 담근 후(약 30~40분), 체에 쌀을 올리고 물기를 제거하여 냄비에 담아요. 쌀과 동일한 양의 물을 냄비에 부어요(쌀 1컵이라면 물도 1컵).

처음에는 뚜껑을 열고 강한 불에서 수분이 날아갈 수 있도록 바글바글 끓여주세요. 보글보글 충분히 끓인 후 수분이 서서히 사라지기 시작하면 불을 줄여가며 고여있는 물이 어느 정도 사라지고 뿔은 밥알의 형체가 보이기 시작할 때 뚜껑을 닫고 불을 약하게 줄여 뭉근하게 뜸을 들이기 시작합니다(약 15분간). 뜸을 충분히 들인 후 뜨거운 김을 날려가며 밥을 아래에서 위로 뒤섞은 후 드셔보세요.

혹, 누룽지를 만들어 숭늉을 만들고 싶다면, 냄비 안의 밥을 다 옮겨둔 후, 냄비 바닥에 눌러 붙은 누런 밥 위에 물을 적당히 부어 끓이면 되는데요. 혹 냄비 바닥에 누런 누룽지가 생기지 않았다면, 바닥에 밥알을 평평하게 간 후 강한 불에서 누릿해지도록 가열하세요.

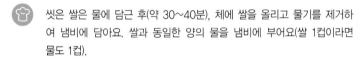

식기를 깔끔하고 오래 쓸 수 있는 노하우

오랫동안 쓴 식기의 경우 묵은 때가 쌓여 청결해 보이지 않죠. 하얀 식기가 누래져서 보이면 더더욱 그래요. 이럴 땐, 끓는 물에 베이킹 소다를 풀어서 그릇을 푹 담그고 뚜껑 닫고 약 15분간 방치시켜 둡니다(베이킹 소다는 작은 슈퍼에서도 쉽게 구입할 수 있고 저렴한 편이에요).

뜨거운 물에 푹 불린 그릇은 고무장갑을 끼고 부드러운 수세미로 문질러가며 확실하게 묵은 때를 벗겨줍니다. 마무리는 세제를 이용해 깨끗이 씻어내세요. 하얗게 빛나는 뽀얀 그릇을 보니 속이 다 시원해져요.

베이킹 소다 대신 굵은 소금이나 식초로도 세척이 가능한데요. 아무래도 묵은 때는 베이킹 소다가 확실하게 씻어내주는 효과가 있는 것 같아요. 투명한 유리그릇일 경우에는 식초로도 깔끔하게 세척 가능해요.

도마 관리법

도마는 위생상 2개 정도 갖고 있음 참 좋아요. 채소류를 썰 때, 육류를 썰 때 용으로 분류해서 사용하면 좋은데요. 쉽게 물들기 쉬운 김치류를 썰 때는 바로 도마로 옮겨서 썰기 보단, 우유팩을 뜯어서 매끄러운 부분에 대고 썰면 깔끔하게 썰 수 있어요. 한번 쓴 우유팩은 흐르는 물에 씻어 또 재활용해서 쓸 수 있어요.

나무 도마는 일주일에 2~3번 정도 주기적으로 꼼꼼히 세척해주는 게 좋아요. 식초를 뿌려 약 5분간 방치시킨 후, 뜨거운 물을 부어가며 깨끗이 씻어주고 햇빛에 바짝 말려 세척하면 세균도 죽고 뽀송뽀송한 도마로 변신시킬 수 있어요. 주방에는 생각지 못한 세균들이 득실득실 거리거든요. 가까운 곳에 있는 도마부터 청결하게 관리하고, 식기류, 수저통 등도 관리해보세요.

부록 5

음식 사진 **잘 찍는 노하우**

> 렌즈탓! 카메라 탓!은
> 이제 그만.

> 낮의 자연광을 최대한 이용하세요.
> (자연광만큼 예쁜 조명은 없다.
> 음식이 좀 더 생생하고
> 멋스럽게 나와요)

> 음식과 같은 눈높이에서 찍으면
> 더욱 생동감 있게 나올 뿐 아니라,
> 느낌있는 음식사진이 완성돼요.
> (뒤가 뿌옇게 날리는
> 아웃포커싱에 유리)

디카는 접사기능으로 설정해두고
찍고, DSLR 카메라는
마크로(접사)렌즈,
단렌즈를 추천합니다.

음식에 포커스를 두지만,
그 주변 소품도 잘 활용해보세요.
(카메라의 각도에 따라 45도, 90도,
TOP, 음식과 같은 눈높이 Eye level로
나뉘는데, 위 각도에 따라 뒤 소품이
어디까지 보이는지 생각해보며
계획적으로 배치해 찍어보세요)

노력파라면? 여러 각도에서 다양하게
많은 사진을 찍어봅니다.
음식마다 어울리는 가장 맛있어
보이는 각도가 있어요.
그릇에 소복히 쌓인 팥빙수는
Eye level(음식과 같은 눈높이)에서
찍는 것이 가장 풍성하고 맛있어 보이며,
찌개, 전골 등 국물류는 모락모락 김이
나는 효과와 얼큰해보이는 국물이
잘 나오도록 하기 위해 45도
이상에서 찍는 편이 나아요.

268

맛을 보면
정말 죽여주는 요리

2013년 5월 10일 초판 1쇄 발행
2014년 1월 10일 초판 2쇄 발행

저 자 김보은
발 행 처 크라운출판사
신고번호 제300-2007-143호
발 행 인 李尙原
주 소 서울시 종로구 율곡로 13길 21
대표전화 (02) 745-0311~3
팩 스 (02) 766-3000
홈페이지 http://www.crownbook.com

ISBN 978-89-406-9666-8
Copyright © 2014 CROWN Publishing Co.

특별보급정가
15,000원

크라운출판사
http://www.crownbook.com

이 책의 해외 판권에 대한 문의는 crown@crownbook.com으로 하시길 바랍니다.
주소 : 서울시 종로구 율곡로13길 21(연건동) 크라운빌딩 301호 해외사업부
전화 : +82-2-6430-7023, 팩스 : +82-2-766-3000

Regarding the copyright in overseas, please send inquiry to crown@crownbook.com.
Address: Overseas Division, RM 301 Crown Bld., 21 (Yeongon-Dong) Yulgok-Ro 13-Gil,
Jongro-Gu, Seoul, Korea
Tel : +82-2-6430-7023, Fax : +82-2-766-3000

关于海外版权的相关事项，请咨询 crown@crownbook.com.
地址：韩国首尔锺路区栗谷路13街(连建洞)21，皇冠大厦 301室 海外事业部
Tel : +82-2-6430-7023, Fax : +82-2-766-3000